KB207226

세상에서 가장

쉽고 그럴싸한 요리책

벨루가 최해정

미호

"올려주신 레시피대로 만들었더니 정말 맛있네요"
"덕분에 요리에 자신감이 생겼어요"
"사진에서 음식 냄새가 느껴지는 것 같아요"

블로그에 달리는 이런 댓글들이 매일 퇴근 후 시간에 쫓겨가며 요리를 하는
이유이자 원동력이다.
원래 맛있는 음식과 요리를 좋아해서 혼자 자취하던 시절에도 친구들을 초대해
음식을 만들어 대접하는 걸 좋아했는데, 맛있다며 웃음을 띠고 먹는 그 모습들에
행복과 보람을 느꼈었다. 결혼 후 지금은 내 요리를 맛있게 먹어주는 가족과,
직접 맛보지는 못하지만 그 레시피들을 좋아해 주는 많은 분들 덕분에 피곤함도
잊고 내가 요리 블로거임에 감사함을 느낀다.
맞벌이 부부이다 보니 평일엔 언제나 퇴근 후 빠르게 저녁 식사를 준비해야
해서, 한 그릇 요리나 간단한 메뉴들을 자주 만들게 되지만, 사진으로
레시피들을 소개해야 하는 만큼 플레이팅에도 신경을 써야 한다. 그러다보니
자연스럽게 간단하면서도 보기에도 좋은 그럴싸한 요리들을 주로 소개하게 된
것 같다.
불 없이 간단하게 전자레인지로 한 그릇 음식이나 반찬을 만들 수 없을까?
요즘은 레토르트 제품이나 시판 소스들이 잘 나오는데, 그런 제품들을 활용할
방법은 없을까?

만들기 간단하지만 맛있고 보기에도 좋은 메뉴는 뭐가 있을까?
베이킹을 하고 싶어도 계량이 귀찮고 복잡한 재료들과 과정으로 엄두를 내지
못하지만 시판 믹스 제품들을 이용하면 쉽게 만들 수 있지 않을까?
여기에서 출발한 생각들로 맞벌이 부부나 자취생, 신혼부부, 요리가 어렵다고
생각하는 사람들에게 도움이 되었으면 하는 마음을 이 책 한 권에 고스란히
담았다.
책 준비를 시작하면서, 너무 쉽고 간단한 이런 레시피들이 과연 책에 실려도
될지 고민을 많이 했지만, 나에겐 아주 쉽고 가볍게 느껴지는 레시피더라도
누군가에겐 그리 쉽지만은 않을 수도 있고 또 누군가에겐 시간과 노력을
벌어주는 가성비 좋은 참신한 정보가 될 수 있겠다는 생각으로 용기를 내서
마지막까지 최선을 다해 담아보았다.
이 책 속에 담긴 다양한 레시피들로 만든 요리들이 공감과 즐거움을 줄 수
있다면 더 바랄 게 없을 것 같다.

2019년 가을
벨루가 최해정

이 책을 보는 법

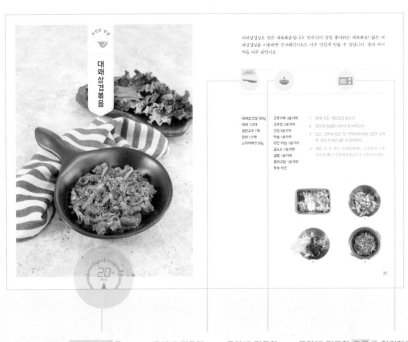

대패삼겹살로 만든 제육볶음입니다. 한국인이 정말 좋아하는 제육볶음 않은 대
패삼겹살을 이용하면 전자레인지로도 아주 맛있게 만들 수 있습니다. 밥에 싸서
먹음 아주 꿀맛이죠.

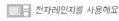

대패삼겹살 300g
대파 1/2대
청양고추 1개
양파 1/2개
느타리버섯 50g

고춧가루 3숟가락
고추장 2숟가락
간장 3숟가락
맛술 1숟가락
다진 마늘 1숟가락
굴소스 1숟가락
설탕 1숟가락
올리고당 1숟가락
후추 약간

1 밥에 모든 재료들을 담는다.

2 분량의 양념을 넣어서 잘 버무린다.

3 넣은 3분에 담은 뒤 전자레인지에서 3분간 조리
한 뒤고 추가로 3분 더 조리한다.

4 재운 뒤 잘 씻어 차려놓는데는 고추참가 기호
가르스 빼고 간장계육볶음으로 만들어주세요.

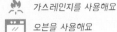

37

요리에 걸리는 시간을
확인할 수 있어요!

요리에 필요한
재료를 확인해요

요리에 필요한
양념을 확인해요

요리에 필요한 도구를 확인해요

전자레인지를 사용해요

가스레인지를 사용해요

오븐을 사용해요

세상에서 가장 쉽고 그럴싸한 요리
함께 시작해볼까요?

PART
01

전 자 레 인 지 로
간단하게 만드는

오늘
밥상

PART
02

시판 제품을
이 용 한

일 품
요 리

숟가락 계량법

이 책에서는 누구나 보기 편하도록 숟가락 계량법을 사용했어요.

가루

| 1/3숟가락 | 1/2숟가락 | 1숟가락 |

액체

| 1/3숟가락 | 1/2숟가락 | 1숟가락 |

장류

1/3숟가락   1/2숟가락   1숟가락

그밖에

한 꼬집

유용한 조리도구

계량컵

용량이 다른 계량컵 세트입니다.
요리 재료를 계량할 때 유용하답니다

———

계란 슬라이서

삶은 계란을 예쁘게 자를 수 있는
슬라이서입니다. 냉면, 국수, 비빔면 등에
예쁘게 데코할 수 있는 제품으로
3~4천 원 정도의 저렴한 가격으로
인터넷에서 쉽게 구매가 가능해요.

———

다시 백

부직포로 된 다시 백입니다.
원래는 육수 재료를 담아서 우려내도록
나왔지만 삼계탕이나 백숙을 끓일 때,
불린 찹쌀을 담아 닭과 함께 삶으면 국물을
깔끔하게 먹을 수 있더라고요.

된장 거름 채

된장이나 고추장을 풀 때 사용하는
거름 채입니다. 냄비에 거는 부분도
있기 때문에 편하게 사용할 수 있어요.

———

미니 거품기

스테인리스 미니 거품기입니다.
크기가 작아서 작은 그릇에
계란 1개를 풀 때
등 적은 양을 사용할 때 아주 유용해요.

———

쌀 씻개

거품기처럼 생긴 쌀 씻는 도구입니다.
손잡이가 있고 아랫부분은 말랑하게
제작되어서 손을 담그지 않고
쌀을 깨끗하게 씻을 수 있어요.

———

채칼

구입한지 오래된 조나스 채칼입니다.
전체가 스테인리스 스틸이라 견고하고
유선형 디자인으로 그립감이 정말 좋아요.

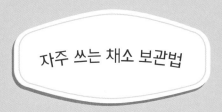

자주 쓰는 채소 보관법

대파

한 묶음씩 판매되는 대파는 보관을 잘 못 하면 쉽게 무를 수 있어요. 여기 나오는 방법대로 보관하면 최소 3주 이상 신선하게 보관할 수 있답니다.

준비물 : 키친타월, 긴 용기 or 지퍼백

1 대파의 뿌리 부분을 자르고 흰 부분과 초록색 부분을 잘라주세요

2 물에 담으면 쉽게 무를 수 있기 때문에 씻지 않고 더러운 껍질 부분만 제거해주세요.

3 혹시 물기가 있다면 키친타월로 닦아주세요

4 키친타월을 2겹 정도 깔고 3분의 1지점에 손질한 대파를 올려줍니다.

5 바닥에 담아 아랫부분을 감싼 뒤 돌돌 말아줍니다.

6 긴 용기나 지퍼백에 넣어 냉장실에 보관합니다.

마늘

요즘은 깐 마늘을 구입하는 사람이 많죠. 그런데 소량으로 판매하지 않기 때문에 요리 후에는 항상 남게 돼요. 냉장실에서 3주~1달까지 보관할 수 있는 방법을 알려드릴 테니 남은 재료를 보관할 때 참고해보세요.

준비물 : 키친타월, 천일염 or 설탕, 밀폐용기

1 마늘은 물에 헹군 뒤
   물기를 말려서 준비합니다.

2 밀폐용기 바닥에 천일염이나
   설탕을 빈 공간이 보이지
   않을 정도로 깔아줍니다.

3 위에 키친타월을 3겹 정도
   겹쳐서 깔아주세요.

4 마늘을 올려줍니다.

5 양에 따라 키친타월을
   깔고 같은 방법으로 층을
   쌓아줍니다.

6 마지막에 키친타월로 덮고
   뚜껑을 닫아 냉장실에
   보관합니다.

양파

양파는 무르지 않고 단단하며, 껍질이 선명하고 잘 마른 것을 고르는 것이 좋은데요. 망에 넣어서 통풍이 잘 되는 서늘한 곳에 걸어두고 사용하는 것이 좋지만, 손질을 해서 냉장실에 넣어두면 사용하기도 간편하고 조금 더 오래 보관할 수 있답니다.

준비물 : 키친타월, 랩, 지퍼백 or 비닐백

1 먼저, 껍질을 깔끔하게 벗겨냅니다.

2 겉에 이물질이 묻었을 경우, 물로 헹군 다음 키친타월로 물기를 닦아냅니다.

3 물기가 있으면 빨리 무를 수 있기 때문에 뿌리와 줄기 부분은 자르지 않는 게 좋아요.

4 랩으로 돌돌 말아서 밀봉을 해줍니다.

5 밀봉한 양파를 비닐백이나 지퍼백에 담아서 냉장실에 보관하면 약 1달까지도 싱싱하게 보관할 수 있어요.

청양고추

청양고추는 1~2개만 살 수 없기 때문에 보관법을 알아두면 버리지 않고 활용할 수 있답니다. 냉장실에서 한 달 가까이 두고 먹을 수 있는 팁을 알려드릴게요. 무른 것 보다 단단한 것이 오래 보관이 가능하니 고를 때 참고하세요.

준비물 : 키친타월, 지퍼백 or 밀폐용기

1 청양고추를 물에 헹군 뒤 물기를 빼줍니다.

2 꼭지를 따줍니다.

3 키친타월을 두툼하게 편 뒤 고추를 윗쪽에 나란히 올려줍니다.

4 아랫 부분과 양쪽을 접어주세요

5 접은 다음 겹쳐서 지퍼백이나 밀폐용기에 넣어 냉장실에 보관합니다.

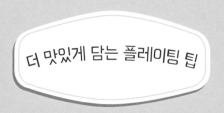

더 맛있게 담는 플레이팅 팁

국물 요리

국물이 많은 요리의 경우 평소 먹는 대로 담으면 건더기가 보이지 않아서 어떤 메뉴인지 알 수 없기 때문에 건더기가 보이도록 국물의 양을 적게 담아서 촬영하는 것이 더 먹음직스럽고 예뻐 보이는 것 같아요.
재료에 빨간색이나 초록색이 없을 땐, 홍고추나 대파의 초록색 부분, 쑥갓 등으로 장식을 하면 카메라에 훨씬 더 예쁘게 담아낼 수 있답니다.

1 평소 먹는 대로 담았어요.

2 건더기를 조금 더 푸짐하게 담았어요.

3 2에서 홍고추 2조각만 올려주었어요.

파스타

파스타를 담아낼 땐 그냥 덜어서 담는 것 보다는 돌돌 말아서 담는 게 예쁜 것 같아요. 집게와 국자를 이용해서 담는 방법도 있지만, 초보자는 긴 젓가락에 돌돌 말아서 담아내는 것이 훨씬 더 쉽고 예쁘게 담을 수 있답니다.

1   요리가 완성되면 긴 젓가락을 이용해서
     돌돌돌 말아줍니다.

2   건더기를 골고루 올려주고 치즈가루 및
     바질 잎으로 장식을 합니다.

샌드위치 포장법

유산지를 이용해 샌드위치를 먹음직스럽게 포장할 수 있어요. 이렇게 하면 단면을 한눈에 볼 수 있어 보기에 예쁠 뿐 아니라 먹기에도 편하답니다.

1 도마 위에 유산지를 편 다음, 샌드위치를 올립니다.

2 선물을 포장하듯이 3면을 접어서 테이프로 고정합니다.

3 칼을 이용해서 사선이나 일자로 잘라주면 완성.

병 장식하기

도일리와 마끈을 이용해서 병을 포장해봐요. 잼이나 청 등을 병에 담아서 예쁘게 포장하면 선물하기도 좋아요.

1 병 뚜껑을 닫은 뒤 도일리를
   올리고 가운데 부분을 맞춰 모양을
   잡아줍니다.

2 마끈을 2바퀴 정도 돌린 뒤,
   예쁘게 묶어주면 완성입니다.

청정원
비비면 맛있는 간장

저는 혼자 있을 땐 계란 프라이에 밥을 비벼 먹는 걸
좋아하는데, 그냥 간장과 참기름을 넣어서 비비는 것보다
이 제품을 넣어서 비비면 훨씬 더 맛난 것 같아요.
소고기를 더해 만든 제품이라 장조림 국물에 비벼 먹는 것
같은 깊은 맛이 느껴지는 듯하기도.

———

청정원
맑은 청간장

이 제품은 국간장인데요. 보통 국간장은 까만색이라
국물 색을 어둡게 만드는데 이 제품은 맑아요.
그렇기 때문에 맑은 국이나 찌개를 끓일 때 사용하면
정말 좋은 제품입니다.

———

움트리
생강분

김치나 겉절이를 담글 때 또는 고기 요리의
잡내 제거를 위해 생강을 사용하는데 향과 맛이 강한
식재료라 소량만 넣는 경우가 대부분이라,
항상 남아서 버리게 되더라고요.
생강가루를 사용하면 보관도 편리하고 간편하게 사용할 수
있어서 저희 집 주방에 항상 구비해두는 아이템입니다.

레이지
레몬주스

베이킹이나 요리를 할 때 가끔
레몬즙이 필요한 경우가 있을 텐데요.
레몬을 사서 착즙을 하려면 번거롭기 때문에
이런 100% 레몬즙 제품을 준비해두면 편하답니다.

청정원
매운갈비양념

이 제품은 소스까지 직접 만드는 걸 좋아하는
제가 가장 애용하는 시판 소스입니다. 감칠맛 나게
매운맛으로 갈비뿐만 아니라
떡볶이, 콩불, 닭볶음탕 제육볶음 등
다양한 요리에 활용하기 좋은 소스인 것 같아요.

오뚜기
분말 카레와 고형 카레

저희 부부는 카레를 좋아하기 때문에 자주 만들어 먹는데,
다양한 제품들을 맛본 결과 분말 제품은
오뚜기 백세카레, 고형 제품은 오뚜기 3일 숙성카레를
1위로 뽑을 수 있을 것 같아요.
백세카레는 깔끔하고 진한 맛이 매력적이고,
3일 숙성카레는 일반 카레에서는 쉽게 맛볼 수 없는
특유의 깊은 품미가 있는 제품이라 추천하고 싶어요.

안옥남
국물용 다시팩

매번 육수재료로 국물을 내서 요리하기 귀찮을 때, 정말
편리한 제품입니다. 요즘은 이렇게 다시팩 제품들이 많은데요
이 제품은 다시마, 멸치, 표고버섯 3가지 재료뿐이지만 원물이
제법 많이 들어가 있기 때문에 다른 제품에 비해 국물 맛이
좋아서 항상 사용하는 제품입니다. 물에 넣고 10분 정도만
끓여서 건져내면 되니까 정말 편해요.

진미소스

집에서 고기를 구워 먹을 때 유용한 소스입니다.
양파 절임 소스로 활용해도 좋고, 고기를 찍어 먹으면 느끼함도
잡아주고 감칠맛을 살려줘요.

반죽 및 발효하는 방법

이 책의 4챕터에서는 시판 믹스로 베이킹을 하는 내용이 나와 있어요. 시판 믹스로 반죽하는 법과 발효하는 방법을 먼저 알려 드릴게요!

1 동봉된 믹스와 이스트를 볼에 담는다.

2 물 210ml를 넘어서 15~20분간 치댄다.

3 반죽이 끝나면 한 덩어리로 동그랗게 뭉친다.

4 랩을 씌워 따뜻한 곳에서 2배 이상 부풀 때까지 1시간~1시간 30분 정도 1차 발효를 한다.

Tip1 40도 오븐에서 하면 편해요.
Tip2 랩에 젓가락으로 구멍을 뚫어서 발효가 더 잘 되도록 숨구멍을 만들어주세요.

5 2배 이상 부풀면 1차 발효 끝.

6 손가락으로 눌렀을 때 쏙 들어가서 올라오지 않으면 발효가 잘 되었다고 할 수 있다.

7 원하는 개수로 나눈 다음, 둥글리기를 하고 랩을 덮어 20분간 실온에서 휴지한다.

Tip1 휴지 후에 원하는 대로 성형하세요.
Tip2 발효 시간은 1차, 2차 합쳐서 2시간 정도 걸립니다.

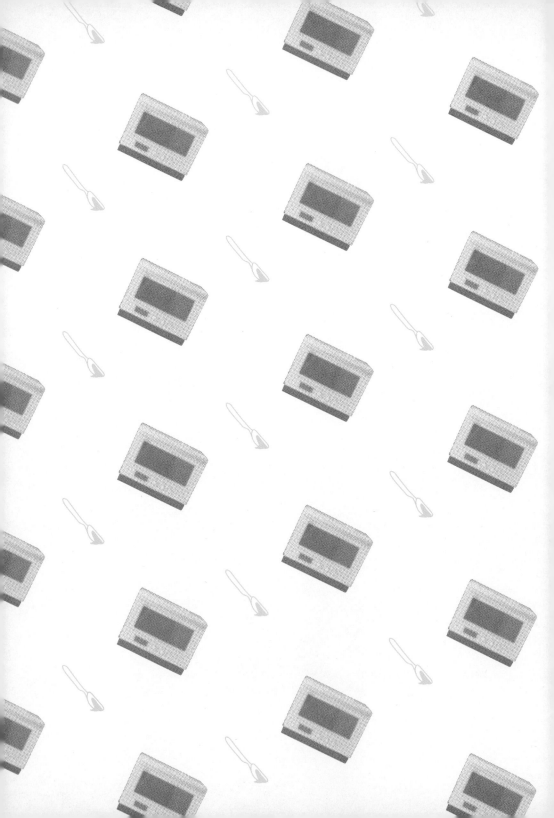

전자레인지로
간단하게 만드는

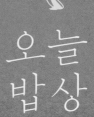

오늘
밥상

김국

김을 이용해서 전자레인지로 간단하게 끓인 초간단 국입니다. 국물 없이는 밥을 먹기 힘든 사람이라면 주목! 특히 바쁜 아침 시간엔 따로 국을 준비하기가 힘드니 전자레인지를 이용해서 10분 만에 초간단 국을 만들어봐요. 자극적이지 않아 아이부터 어른까지 함께 먹기 좋답니다.

3인분

구운 김 4장
멸치육수 500ml
대파 1/3대
멸치액젓 1숟가락
국간장 1숟가락
참기름 1숟가락
통깨 1/2숟가락

1 비닐백에 김을 넣은 뒤 잘게 부수어 준비한다.

2 냄비에 멸치육수를 붓고 분량의 김, 대파, 멸치액젓, 국간장을 넣는다.

3 전자레인지에서 5분 조리 후 참기름과 통깨를 넣고 섞는다.

+ 김은 김밥용이나 조미된 것 어느 것을 사용해도 괜찮아요.

초간단 반찬

꽁치
무조림

30
MIN

꽁치 캔과 무를 매콤하게 졸여낸 반찬입니다. 생선요리는 좋아하지만 비린내도 나고 손질이 어려워 까다로워요. 특히 불에서 오랫동안 졸여야 하는 요리는 집안에 생선 냄새도 나고 신경이 쓰이잖아요. 이럴 때 전자레인지를 이용하면 냄새 걱정 없이 간단하게 만들 수 있어요.

2인분

꽁치 캔 1개	고춧가루 3숟가락
무 8cm	간장 5숟가락
양파 1/2개	맛술 1숟가락
대파 1/2대	설탕 1숟가락
	다진 마늘 1숟가락
	생강가루 1/3숟가락
	통깨 1/2숟가락
	물 100ml

1 양념 재료들을 모두 섞어 양념장을 만들어 준비한다.

2 납작하게 썬 무를 그릇에 담은 뒤, 양념장 반을 부어서 전자레인지에 10분간 조리한다.

3 꽁치와 나머지 채소들을 올리고 남은 양념장을 부어서 전자레인지에 5분간 조리한다.

4 5분 후 꺼내 양념을 끼얹고 다시 전자레인지에 5분간 조리한다.

+ 꽁치 통조림의 기름을 빼고 으깬 뒤 쌈장, 참기름, 통깨를 더하면 맛있는 꽁치 쌈장 완성!

초간단 반찬

꽈리고추
메추리알조림

20
MIN

꽈리고추와 메추리알을 넣어서 만든 장조림입니다. 장조림은 요리 내공이 탄탄한 프로 주부만 할 수 있다? 그런 편견이 있지요. 하지만 간장과 단맛을 내는 재료의 비율만 잘 맞춘다면 누구라도 감칠맛 나게 만들 수 있어요.

2인분

메추리알 30개
꽈리고추 15개
멸치육수 300ml

간장 100ml
다진 마늘 1숟가락
설탕 2숟가락
올리고당 1숟가락
맛술 1숟가락

1 그릇에 멸치육수를 담은 뒤, 양념 재료들을 넣어서 섞는다.

2 메추리알을 담아서 전자레인지에 5분간 조리한다.

3 꽈리고추를 넣고 다시 8분간 추가로 조리한다.

+ 새송이버섯을 납작하게 썰어 넣고 함께 만들어도 쫄깃하니 맛이 좋아요.

대
패
삼
겹
볶
음

20
MIN

대패삼겹살로 만든 제육볶음입니다. 한국인이 정말 좋아하는 제육볶음! 얇은 대패삼겹살을 이용하면 전자레인지로도 아주 맛있게 만들 수 있답니다. 쌈에 싸서 먹음 아주 꿀맛이죠.

2인분

대패삼겹살 300g
대파 1/2대
청양고추 1개
양파 1/2개
느타리버섯 50g

고춧가루 3숟가락
고추장 2숟가락
간장 3숟가락
맛술 1숟가락
다진 마늘 1숟가락
굴소스 1숟가락
설탕 1숟가락
올리고당 1숟가락
후추 약간

1 볼에 모든 재료들을 담는다.

2 분량의 양념을 넣어서 잘 버무린다.

3 넓은 그릇에 담은 뒤 전자레인지에 3분간 조리 후 섞고 추가로 3분 더 조리한다.

+ 매운 걸 못 먹는 아이들에게는 고추장과 고춧가루를 빼고 간장제육볶음으로 만들어주세요.

20
MIN

미소 된장으로 순하고 구수하게 끓인 순두부찌개입니다. 평소 먹던 순두부찌개가
지겨워질 때, 미소 된장을 넣고 만들어보세요. 특유의 감칠맛과 구수함이 순두부
와 아주 찰떡궁합이에요.

2인분

순두부 1/2봉지	고춧가루 3숟가락
표고버섯 1개	고추장 2숟가락
대파 1/3대	간장 3숟가락
양파 1/2개	맛술 1숟가락
애호박 1/3개	다진 마늘 1숟가락
청양고추 1개	굴소스 1숟가락
멸치육수 400ml	설탕 1숟가락
미소 된장 3숟가락	올리고당 1숟가락
다진 마늘 1/2숟가락	후추 약간

1 멸치육수에 미소 된장과 다진 마늘을 넣고 풀어
   준다.

2 순두부를 제외한 모든 재료를 넣어서 전자레인
   지에 5분간 조리한다.

3 순두부를 넣고 먹기 좋은 크기로 으깬 다음, 5분
   간 조리한다.

+ 간을 미소 된장으로만 조절하면 더 깔끔하게
   먹을 수 있어요

10
MIN

들기름을 더해 전자레인지로 매콤하게 만든 느타리버섯과 가지 찜입니다. 가지와 들기름은 영양학적으로도 궁합이 좋다고 해요. 가지는 흡수하는 성질이 있어서 들기름을 듬뿍 넣어도 겉돌지 않아, 정말 풍미가 좋답니다.

2인분

재료	양념	만드는 법
가지 작은 것 1개	들기름 3숟가락	1 가지를 썰어 그릇에 담고 전자레인지에 2분간 조리한다.
느타리버섯 70g	고춧가루 1숟가락	2 양파와 느타리버섯, 청양고추를 더한다.
양파 1/3개	다진 마늘 1/2숟가락	3 양념 재료들을 넣고 잘 섞은 뒤 3분간 조리한다.
청양고추 1개	올리고당 1숟가락 반	+ 가지의 물컹한 식감을 좋아한다면 양념을 넣고 2분 정도 더 조리해주세요.
	간장 2숟가락	
	통깨 1/2숟가락	

모듬찌개

20 MIN

여러 재료를 넣고 부대찌개 느낌으로 만든 찌개입니다. 부대찌개는 집에서 맛 내기 어렵다고요? 아니에요. 비결은 바로 양념장! 양념장을 따로 만들어서 넣어주면 사먹는 맛 못지 않답니다.

2인분

캔 햄 작은 것 1/2캔
소시지 1개
물만두 4개
두부 1/2모
양파 1/3개
대파 1/2대
신김치 조금
멸치육수(혹은 생수)
500ml

고춧가루 1숟가락
맛술 1숟가락
간장 1숟가락
멸치액젓 1/2숟가락
다진 마늘 1/2숟가락
고추장 1/2숟가락

1 재료를 먹기 좋은 크기로 썰어서 준비한다.

2 양념장 재료로 양념장을 만들어 육수에 풀어준다.

3 그릇에 재료들을 담은 뒤 양념장을 푼 육수를 붓는다.

4 전자레인지에 7분간 조리한다.

+ 신김치는 너무 많이 넣으면 김치찌개에 가까워지니 작은 배춧잎 1장 정도만 넣는 게 좋아요.

1
2
3
4

미니단호박
계란찜

20
MIN

미니 단호박 속에 계란 물을 넣어서 전자레인지로 만든 반찬입니다. 언젠가 엄마
가 쪄주셨던 껍질째 먹는 미니 단호박. 달콤해서 그냥 먹어도 맛있지만 껍질째
먹을 수 있다는 장점을 살려서 계란 물을 넣고 쪄봤더니, 한 끼 식사로도 아주
좋더라고요.

2인분

미니 단호박 4개   새우젓 1/2숟가락   1   계란과 다진 채소들에 새우젓, 후추를 더해서
계란 3개   후추 약간   계란 물을 완성한다.
표고버섯 1개   2   단호박을 전자레인지에 3분간 찐다.
양파 20g
파프리카 20g   3   단호박 윗부분을 칼로 자른 뒤 씨를 파낸다.
당근 10g   4   만들어둔 계란 물을 80%만 부은 뒤 전자레인지
                                                에 3분간 조리한다.

                                            +   단호박을 찔 때는 꼭지가 위로 가게 두고 쪄야
                                                단맛이 살에 맛있게 배어요

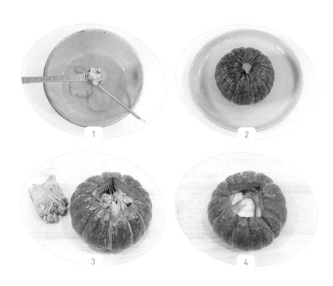

초간단 반찬

콩나물무침 부추

15
MIN

전자레인지를 이용해서 만든 콩나물무침입니다. 끓는 물에 콩나물을 따로 데쳐서 무치는 방법이 귀찮고 어렵게 느껴진다면 전자레인지로 간편하면서도 아삭함까지 살린 콩나물무침 한 번 만들어보세요.

2~3인분

콩나물 200g
부추 25g
물 종이컵 1/2컵
소금 약간

고춧가루 1숟가락 반
멸치액젓 1숟가락
참기름 1숟가락
다진 마늘 1/2숟가락
통깨 1숟가락

1 그릇에 씻은 콩나물과 종이컵 1/2컵 분량의 물, 소금 약간을 넣는다.

2 뚜껑을 덮은 뒤 전자레인지에서 3분간 조리한다.

3 볼에 데쳐진 콩나물과 부추를 담고, 분량의 양념 재료를 넣어서 버무린다.

+ 전자레인지로 데친 뒤, 찬물에 헹구면 아삭함을 살릴 수 있어요

20
MIN

불 없이 전자레인지로 간단하게 만들 수 있는 초간단 반찬입니다. 저는 깻잎의 향긋한 향이 좋아서 삼겹살을 먹을 때도 늘 깻잎으로 싸먹어요. 반찬으로 만들면 쉽게 상하지도 않고, 시간이 지나도 맛이 그대로 유지돼서 아주 좋은 밑반찬이 되지요.

깻잎 50장
양파 1/4개
청양고추 1개
대파 1/2대

고춧가루 1숟가락
다진 마늘 1/2숟가락
진간장 2숟가락
국간장 2숟가락
멸치액젓 1/2숟가락
참기름 1/2숟가락
올리고당 2숟가락
물 80ml

1 깻잎은 깨끗이 씻은 후 물기를 빼고, 재료들은 다져서 준비한다.

2 분량의 재료들로 양념장을 만든다.

3 전자레인지용 그릇에 깻잎을 한 장씩 담으면서 양념장을 발라준다.

4 전자레인지에 1분 조리 후 스며 나온 양념을 위에 끼얹어서 다시 1분 조리한다.

+ 양념장이 남으면 두부조림을 만들어도 맛있어요.

꽈리고추무침

15
MIN

찌는 과정 없이 간단하게 만들 수 있는 초간단 반찬입니다.
제철인 여름에 맛있게 만들어보세요.

4~5인분

꽈리고추 150g   고춧가루 2/3숟가락   1 꽈리고추를 깨끗이 씻은 뒤 물기를 빼서 준비한다.
밀가루 3숟가락   간장 1숟가락
물 2숟가락   다진 마늘 1/2숟가락   2 분량의 재료들로 양념을 만든다.
                       참기름 1숟가락
                       매실액 1숟가락   3 꽈리고추에 밀가루 3숟가락을 넣고 밀가루 옷을
                       통깨 1/2숟가락   입힌다.

                                              4 3을 물 2숟가락과 함께 4분간 조리한 뒤, 만들어
                                                 둔 양념에 잘 버무려준다.

                                              + 꽈리고추에 밀가루 옷을 입힐 때 비닐을 이용
                                                 하면 간편해요.

20
MIN

짭조름한 된장에 들깨를 넣어 고소한 맛을 더한 강된장입니다. 입맛 없을 때 나물 없이도 쓱싹 비벼 먹으면 한 그릇 뚝딱이지요. 맛있는 강된장에 들깻가루를 더하면 담백하면서도 고소하게 먹을 수 있어요.

새송이버섯 1/2개
애호박 5cm
양파 1/2개
청양고추 1개
두부 큰 것 1/2모

된장 4숟가락
고춧가루 1숟가락
고추장 1숟가락
들깻가루 3숟가락
다진 마늘 1/2숟가락
설탕 1/2숟가락
물 150ml

1 채소는 잘게 썰어서 준비한다.

2 그릇에 분량의 양념을 넣고 잘 섞어준다.

3 다져둔 재료와 두부를 으깨서 넣는다.

4 전자레인지에 5분간 조리 후, 한 번 저어서 5분간 추가 조리한다.

+ 전자레인지 조리라 재료를 잘게 다져주는 게 좋아요.

매운햄
어묵볶음

15
MIN

팬에 볶지 않고 전자레인지로 간단하게 만든 어묵볶음입니다. 어묵볶음은 주로 간장 양념으로 프라이팬에 볶아서 만들지만, 바쁠 땐 이렇게 전자레인지를 이용해서 뚝딱 만들어보세요.

4~5인분

어묵 270g
캔 햄 작은 것 1캔
청양고추 2개
양파 1/2개
느타리버섯 1줌
당근 약간

고춧가루 2숟가락
간장 2숟가락
올리고당 3숟가락
참기름 1숟가락
기름 1/2숟가락
통깨 1숟가락
후춧가루 약간
다진 마늘 1/2숟가락

1 재료들은 먹기 좋은 크기로 썰어서 준비한다.

2 분량의 재료들로 양념장을 만든다.

3 전자레인지용 그릇에 재료를 담은 뒤, 만들어둔 양념장을 넣고 섞는다.

4 전자레인지에 5분간 돌린 뒤, 통깨 1숟가락을 넣고 섞어서 마무리한다.

+ 파프리카를 넣어주면 아삭한 식감을 더할 수 있어요.

매콤두부조림

20
MIN

두부를 매콤한 양념장에 졸여낸 반찬입니다. 팬에 굽고 다시 냄비로 옮겨 졸여서 만드는 두부조림은 의외로 손이 많이 가는 번거로운 반찬이지요. 전자레인지로 만들면 간단하기도 하고 부드러운 식감으로 만들 수 있답니다.

3인분

두부 큰 것 1모
대파 1/3대
양파 1/3개
청양고추 2개
물 70ml

들기름 2숟가락
고춧가루 2숟가락
설탕 1/2숟가락
다진 마늘 1숟가락
맛술 1숟가락
간장 2숟가락
새우젓 1/2숟가락

1   양파, 대파, 청양고추는 잘게 썰고 두부는 큼직하게 썰어서 준비한다.

2   분량의 양념 재료에 물을 더해서 양념장을 완성한다.

3   그릇에 두부를 깔고 채소를 얹는다.

4   만들어둔 양념장을 부은 뒤 전자레인지에 5분간 조리 후 꺼내서 섞고 추가로 5분간 조리한다.

+   쫄깃한 식감을 원하면 팬에 한 번 구워서, 같은 방법으로 만들어도 괜찮아요.

초간단 반찬

모듬버섯
두부전골

20
MIN

버섯과 두부를 넣고 전자레인지로 칼칼하게 끓여낸 전골입니다. 두부와 버섯을 좋아해서 요리할 때 자주 사용하는데, 요리 후 조금씩 남을 때가 있더라고요. 전자레인지로 간편하게 1인 전골을 만들어보세요

1인분

두부 큰 것 1/2모
새송이버섯 1/2개
느타리버섯 1줌
팽이버섯 약간
대파 1/2대
양파 1/3개
당근 약간
멸치육수(물) 500ml

고춧가루 1숟가락
국간장 1숟가락
멸치액젓 1숟가락
다진 마늘 1/2숟가락

1 버섯과 두부, 채소들은 먹기 좋은 크기로 썰어서 준비한다.

2 분량의 육수에 양념 재료를 넣어서 섞는다.

3 그릇에 재료들을 담는다.

4 만들어둔 2를 부어서 전자레인지에 10분간 조리한다.

+ 감칠맛의 포인트는 멸치액젓이니까 꼭 넣어주세요.

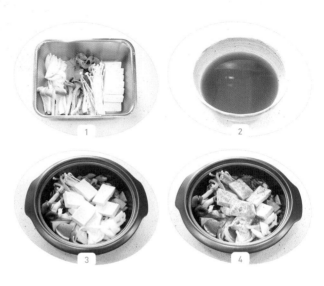

20
MIN

불과 기름을 전혀 사용하지 않고 전자레인지로 간편하게 만드는 요리입니다. 숙주는 차돌박이를 넣고 볶으면 궁합이 가장 좋지만, 베이컨과의 궁합도 좋답니다. 맥주 한 잔 곁들여서 반주하기에도 아주 좋아요.

숙주 250g	간장 1숟가락
베이컨 5줄	굴소스 1숟가락
양파 1/4개	올리고당 1숟가락
파프리카 약간	후춧가루 약간
청경채 1뿌리	다진 마늘 1/2숟가락
대파 1/3대	

1 숙주는 깨끗이 씻고, 나머지 재료들은 먹기 좋게 썰어서 준비한다.

2 분량의 재료로 양념을 만든다.

3 그릇에 베이컨을 제외한 재료들을 골고루 섞어 가면서 담는다.

4 소스를 붓고 버무려준다.

5 위에 베이컨을 올려서 전자레인지에 4분간 조리한다.

+ 완성 후 먹기 전에 소스가 충분히 적셔질 수 있도록 섞어주세요.

새우젓
호박볶음

15
MIN

새우젓으로 감칠맛을 낸 호박볶음입니다. 더운 여름, 불 앞에 서기 귀찮을 때 전자레인지로 한 번 만들어봤는데 생각보다 신선하고 맛이 정말 좋더라고요.

3인분

애호박 1개
홍고추 1개
양파 1/2개

새우젓 1/2숟가락
다진 마늘 1/3숟가락
식용유 1숟가락

1 그릇에 애호박, 홍고추, 양파를 담는다

2 분량의 양념 재료를 넣어서 잘 버무려준다.

3 전자레인지에서 3분간 조리 후, 한 번 젓고 3분간 추가로 조리한다.

+ 새우젓이 호박에서 수분이 나오게 하기 때문에 물은 넣지 않아도 괜찮아요.

20 MIN

애호박을 듬뿍 넣어서 자작하게 끓인 짜글이 찌개입니다. 일반 찌개보단 국물이 더 자작한 짜글이찌개도 전자레인지로 간단하게 만들 수 있답니다. 밥에 쓱쓱 비벼먹으면 다른 반찬이 필요 없어요.

2인분

애호박 1개　　　고추장 2숟가락
청양고추 1개　　고춧가루 2숟가락
홍고추 1개　　　설탕 1/2숟가락
양파 1/2개　　　다진 마늘 1숟가락
대파 1/2대　　　간장 2숟가락
물 400ml　　　된장 1/2숟가락

1　재료들을 먹기 좋은 크기로 썰고 호박은 조금 얇게 썰어서 준비한다.

2　물에 양념 재료를 넣고 잘 섞는다.

3　그릇에 썰어 둔 재료를 담은 뒤 만들어놓은 양념 물을 붓는다.

4　전자레인지에 10분간 조리한다.

+　호박은 가스 불에 조리할 때보다 얇게 썰어주세요.

30
MIN

불을 사용하지 않고 전자레인지로 간편하게 만드는 감자조림입니다. 포근한 감자에 부드러운 표고버섯의 식감과 매콤함을 더한 감자조림. 신랑에게 전자레인지로 만들었다고 하니까 놀라던 기억이 나네요.

3인분

감자 큰 것 2개	간장 5숟가락
당근 1/4개	설탕 1숟가락
표고버섯 3개	올리고당 2숟가락
청양고추 2개	다진 마늘 1숟가락
양파 1/2개	물 100ml

1 재료들은 큼직하게 썰어서 준비한다.

2 감자는 전분 제거를 위해 썰어서 찬물에 5분정도 담궈둔다.

3 분량의 재료를 섞어서 양념장을 만든다.

4 그릇에 감자와 당근을 담고, 양념장을 반만 부어서 전자레인지에 10분간 조리한다.

5 10분 후 남은 양념장과 표고버섯, 청양고추, 양파를 추가해서 10분간 조리한다.

+ 감자를 썬 크기에 따라 시간을 조절해주세요.

한끼식사

굴밥 무

30
MIN

무와 굴을 넣고 지은 밥입니다. 굴 밥이라고 하면 중간에 굴을 넣어야 하니 냄비에 밥을 해야 하고, 한 그릇만 만들기는 번거롭다는 인상이 있지요. 전자레인지를 이용하면 한 그릇도 간편하고 맛있게 만들 수 있어요.

2인분

쌀 종이컵 2컵	고춧가루 1숟가락
굴 250g	간장 4숟가락
무 150g	참기름 1숟가락
물 종이컵 1컵 반	다진 마늘 1/2숟가락
	다진 청양고추 1/2숟가락
	통깨 1/2숟가락

1 쌀은 30분 이상 불리고, 무는 가늘게 채 썰어서 준비한다.

2 양념 재료를 섞어서 양념장을 완성한다.

3 그릇에 불린 쌀과 분량의 물을 담고 무를 올린 뒤 뚜껑을 덮고 10분간 조리한다.

4 씻은 굴을 올린 뒤 5분간 조리한다.

+ 굴은 물에 소금을 조금 풀고 살살 흔들어서 3회 정도 헹궈 준비합니다.

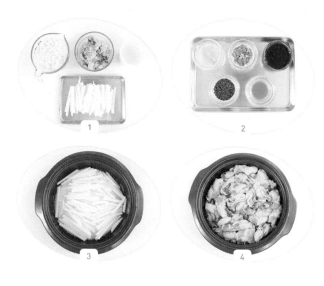

한끼식사

물만둣국

물만두로 간단하게 끓여낸 만둣국입니다. 저는 만두를 워낙 좋아하다보니, 냉동실엔 늘 만두가 종류별로 들어 있어요. 딱히 반찬은 없고 따뜻한 국물이 생각날 때, 빨리 익는 물만두를 꺼내서 전자레인지로 만둣국을 끓여서 먹으면 간편하고 좋더라고요.

1인분

물만두 15개
멸치육수 400ml
대파 1/3대
당근 20g
계란 1개
국간장 1숟가락
후추 약간

1 계란은 풀어서 준비한다.

2 그릇에 멸치육수와 만두, 당근을 담은 뒤 분량의 국간장과 후추를 넣는다.

3 전자레인지에 3분간 돌려준다.

4 3분 뒤, 대파와 계란 물을 둘러서 추가로 3분간 돌린다.

+ 멸치육수는 찬물에도 잘 우러나는 티백 제품을 사용하면 아주 편해요

한끼식사

버섯
간장소스덮밥

15
MIN

감칠맛 나는 간장 소스가 더해진 버섯 덮밥입니다. 요리를 하다보면 조금씩 남게
되는 쫄깃한 버섯이 데리야끼 느낌의 소스를 만났어요. 식감도 좋고 입에 착착
감기는 훌륭한 한 끼가 된답니다.

1인분

느타리버섯 50g　　간장 3숟가락
팽이버섯 30g　　　맛술 1숟가락
양파 1/4개　　　　설탕 1숟가락
대파 1/3대　　　　물 종이컵 1/2컵
청양고추 1개　　　후춧가루 약간
당근 20g
밥 1공기
계란 1개

1　분량의 양념 재료로 양념을 만들고 계란은 풀어
　서 준비한다.

2　그릇에 썰어 둔 재료들을 담고 간장 소스를 부어
　서 3분간 조리한다.

3　계란 물을 둘러서 붓고 3분간 조리 후 밥 위에
　올린다.

+　돈까스를 튀겨서 올리면 나베 느낌도 낼 수 있
　어요.

들수
깨제
탕비

20
MIN

들깨를 듬뿍 넣고 끓인 수제비입니다. 자주 가던 들깨 수제비 가게는 국물이 정말 맛있어서 수제비는 남겨도 국물은 배가 부를 때까지 먹었던 기억이 나는데요, 시중에 파는 감자 수제비를 이용해서 버섯을 듬뿍 넣고 탕 느낌으로 만들어봤어요.

1인분

감자 수제비 100g
들깻가루 종이컵 1컵 반
멸치육수 400ml
새송이버섯 1/2개
표고버섯 2개
애호박 3cm
다진 마늘 1/2숟가락
국간장 2숟가락
멸치액젓 1숟가락
참기름 1/2숟가락
통깨 1/2숟가락

1   그릇에 멸치육수를 담은 뒤 들깻가루를 잘 풀어준다.

2   수제비, 버섯, 애호박, 다진 마늘, 국간장, 멸치액젓을 담은 뒤 10분간 조리한다.

3   조리가 끝난 뒤 참기름과 통깨를 둘러서 마무리한다.

+   깔끔한 국물을 좋아하는 사람은 들깻가루를 빼도 괜찮아요.

시금치
우렁된장죽

20
MIN

시금치와 우렁을 넣고 미소 된장을 더해서 만든 죽입니다. 죽은 정말 다양한 재료를 이용해서 만들 수 있답니다. 냉장고에 있던 재료를 넣고 미소 된장으로 간을 맞췄더니 느끼함도 없고 감칠맛이 가득한 게 참 맛있더라고요.

밥 1공기
멸치육수 400ml
미소 된장 1숟가락
시금치 2줄기
자숙 우렁살 50g
당근 10g
애호박 30g

1 애호박, 당근, 시금치는 잘게 다져서 준비한다.

2 그릇에 멸치육수를 담고 미소 된장 1숟가락을 풀어준다.

3 밥 1그릇을 말고 다진 애호박과 당근을 넣고 섞은 다음 전자레인지에 3분간 조리한다.

4 잘게 썰어둔 시금치를 넣은 뒤 다시 5분간 추가로 조리한다.

+ 시중에 파는 자숙 우렁은 밀가루로 문질러서 씻으면 흙냄새를 없앨 수 있답니다.

한 끼 식사

참치덮밥 쌈장

15 MIN

쌈장과 참치로 만든 소스를 곁들인 덮밥입니다. 마땅한 반찬도 없고 입맛도 없을 때, 서랍에 넣어둔 참치 캔을 꺼내서 언제든 뚝딱 만들어 먹기 좋은 한그릇 요리예요. 혼밥으로도 아주 좋아요.

1인분

참치 캔 작은 것 1개
양파 1/3개
애호박 5cm
표고버섯 2개
청양고추 1개
밥 1공기

쌈장 3숟가락
고추장 1/2숟가락
다진 마늘 1/2숟가락
고춧가루 1숟가락
올리고당 1숟가락
참기름 1숟가락
물 50ml

1 그릇에 분량의 양념 재료를 담은 뒤 잘 섞어준다.

2 다진 채소들을 담은 뒤 양념과 섞고 전자레인지에 2분간 조리한다.

3 기름을 뺀 참치를 더해서 5분간 조리 후, 밥 위에 올린다.

+ 김치찌개에 참치 캔을 넣을 땐 기름을 함께 넣어주면 감칠맛을 더할 수 있어요.

한 끼 식사

어묵
김치우동

20
MIN

어묵과 김치를 넣고 시원하게 끓인 우동입니다. 예전에 김치우동 먹으러 자주 가던 가게가 있었는데, 그 맛이 그리워서 만들어봤더니 추억이 새록새록 돋는 느낌이더라고요.

1인분

신김치 종이컵 1컵
우동사리 1인분
어묵 90g
대파 1/3대
양파 1/4개
청양고추 1개
멸치육수 400ml

김치 국물 5숟가락
국간장 1숟가락
멸치액젓 1/2숟가락
다진 마늘 1/2숟가락

1 그릇에 신김치, 어묵과 채소들을 담는다.

2 멸치육수를 붓는다.

3 우동사리를 넣어서 전자레인지에서 5분간 조리 후, 사리를 잘 풀어서 다시 5분간 조리한다.

+ 우동 사리를 5분 조리 후 면을 충분히 풀어서 조리해야 뻣뻣하지 않아요.

15
MIN

캔 햄과 옥수수, 치즈에 양념을 더해서 비벼먹는 요리입니다. 치즈가 들어간 요리는 자칫 느끼할 수 있지만, 담백한 옥수수와 매콤한 양념장을 매치하면 고소한 맛을 더 많이 느낄 수 있답니다.

밥 1공기
캔 햄 작은 것 1/2캔
캔 옥수수 4숟가락
모차렐라치즈 70g

고추장 1숟가락
케첩 1숟가락
올리고당 1/2숟가락
참기름 1/2숟가락

1   분량의 재료로 양념을 만든다.

2   햄은 잘게 썰어 준비하고, 캔 옥수수는 물기를 빼서 준비한다.

3   밥을 그릇에 담고 햄, 옥수수를 올린 뒤 양념장을 올린다.

4   모차렐라치즈를 올려서 전자레인지에서 3분간 조리한다.

+   이 레시피의 양념장에 만두 튀김을 찍어 먹어도 맛이 좋아요.

팽이버섯
두부
계란탕

20
MIN

팽이버섯과 두부, 계란을 넣고 부드럽게 끓여낸 탕입니다. 뽀득한 팽이버섯의 식감과 두부와 계란의 부드러운 맛이 더해져서 부담 없이 먹을 수 있어요. 아침으로도 좋고 술 먹은 다음날 해장용으로도 아주 좋아요.

1인분

팽이버섯 50g
두부 200g
계란 1개
대파 1/3대
멸치육수 400ml
국간장 1숟가락
새우젓 약간
후추 약간

1 팽이버섯, 두부, 대파는 떠먹기 좋은 크기로 썰고 계란은 풀어서 준비한다.

2 그릇에 계란을 제외한 모든 재료들과 분량의 양념 재료를 담는다.

3 육수를 부은 뒤 전자레인지에서 3분간 조리한다.

4 계란 물을 부은 뒤 5분간 조리한다.

+ 순두부를 넣으면 더 부드럽게 먹을 수 있어요.

30
MIN

햄을 넣어 전자레인지로 만든 콩나물밥입니다. 아삭한 식감의 콩나물밥에 햄을 더하면 맛은 물론 든든한 한 끼 식사가 된답니다. 전자레인지를 이용하면 한 그릇도 문제없어요. 쌀 불리는 시간 30분이 더 필요한 것 잊지 마세요.

1인분

콩나물 100g
불린 쌀 1작은 공기
물 1작은 공기
캔 햄 작은 것 1/2캔
당근 1cm

간장 2숟가락
고춧가루 1/2숟가락
다진 마늘 1/3숟가락
참기름 1숟가락
통깨 1/2숟가락
다진 파 1/3숟가락
다진 홍고추 1/3숟가락

1   쌀은 30분~1시간 정도 불려서 준비하고, 햄은 깍둑썰기, 당근은 채 썰어서 준비한다.

2   그릇에 불린 쌀을 담은 뒤 깍둑썰기한 햄을 올려 준다.

3   콩나물과 당근을 올린 뒤 분량의 물을 붓는다.

4   전자레인지에서 13분간 조리 후, 5분간 그대로 뜸을 들인다.

5   분량의 양념 재료로 양념을 만들어서 곁들인다.

+   물 대신 다시마 우린 물을 넣으면 감칠맛을 더 할 수 있어요.

15
MIN

어느 집이든 냉동실에 냉동 만두 하나씩은 있죠? 냉동 만두가 고추장 소스와 만
난다면 든든하고 간단한 한 끼가 탄생해요.

1인분

밥 1공기
만두 4개
계란 1개

고추장 1숟가락
케첩 2숟가락
올리고당 1숟가락
참기름 1숟가락

1 양념 재료로 양념을 만들어서 준비한다.

2 밥을 그릇에 담은 뒤 해동한 만두를 썰어서 둘러준다.

3 계란을 올리고 비닐을 덮어서 전자레인지에 3분간 조리한다.

+ 계란을 올린 뒤 2분간 조리하면 반숙, 3분간 조리하면 완숙으로 먹을 수 있어요.

명란
계란밥

10
MIN

전자레인지로 간단하게 만들 수 있는 한 그릇 요리입니다. 혼밥 메뉴로도 좋고 조리시간이 2분 30초라 바쁜 아침에 만들어 먹어도 굿! 계란 물에 명란젓만 넣으면 맛, 영양, 시간 모두를 잡은 식사가 가능해요.

1인분

계란 2개
밥 1그릇
대파 1/3대
명란젓 1알
소금 약간

1 명란은 껍질을 벗기고 대파는 잘게 썰어 준비한다.

2 소금 한 꼬집을 넣고 계란을 풀어준다.

3 2에 껍질을 벗긴 명란젓과 잘게 썬 대파를 넣어서 섞어준다.

4 완성된 계란 물을 밥을 담을 그릇에 옮겨 담는다.

5 계란 물을 담은 그릇에 밥 1공기를 넣고 잘 누른다.

6 랩을 덮은 뒤 전자레인지에 2분 30초간 돌린다.

+ 취향에 따라 양파, 파프리카, 치즈, 햄 등을 넣어도 좋아요

한 끼 식사

버섯
김치죽

20
MIN

버섯과 김치를 넣고 부드럽게 만든 죽입니다. 반찬 없을 때, 잘 익은 묵은지를 꺼내서 찬밥 넣고 후다닥 끓여주던 엄마의 김치죽이 그리워질 때면 그 맛을 생각하면서 만들어 먹어요.

밥 1공기
김치 1/2공기
김치국물 5숟가락
국간장 1숟가락
멸치액젓 1숟가락
버섯 약간
물 400ml

1 김치와 버섯은 떠먹기 좋은 크기로 썰어서 준비한다.

2 그릇에 밥 1공기를 담은 뒤, 분량의 재료들을 넣어서 섞는다.

3 전자레인지에 넣고 5분 조리 후 꺼내서 젓고 다시 5분간 조리한다.

+ 조리가 끝나고 5분 정도 식힌 후에 먹으면 살짝 꾸덕하니 맛이 더 좋더라고요.

한끼식사

카레덮밥 새우 순두부

25 MIN

순두부와 새우를 넣어서 부드러우면서도 식감이 좋은 카레 덮밥입니다. 카레와 순두부의 조합이 생소할 수도 있지만 이렇게 만들어서 먹어보면 부드럽고 향긋한 그 맛에 반할 거예요.

2인분

카레 가루 50g
순두부 1/2팩
새우 50g
당근 20g
애호박 30g
양파 1/3개
물 200ml

1 새우와 채소들은 잘게 다져서 준비한다.

2 그릇에 분량의 물과 카레 가루를 넣고 개어준다.

3 다져둔 재료들과 순두부를 으깨가면서 섞는다.

4 전자레인지에 15분간 조리한다.

+ 조리 도중 카레가 바닥에 눌어 붙을 수 있기 때문에 2~3번 정도 꺼내서 저어주세요.

매콤가지덮밥

15 MIN

전자레인지를 이용해서 만드는 간단하지만 든든한 한 그릇 요리입니다. 가지는 호불호가 갈리는 식재료인데, 저는 어릴적부터 참 좋아해서 반찬으로 자주 만들어요. 이렇게 매콤하게 만들어 덮밥으로 먹으면 참 맛있답니다.

2인분

가지 큰 것 1개
밥 2공기
양파 1/2개
청양고추 1개
당근 2cm

간장 5숟가락
물 1숟가락
설탕 1숟가락 반
들기름 2숟가락

1 채소들은 먹기 좋은 크기로 썰어서 준비한다.

2 소스 재료를 섞어서 준비한다.

3 썰어둔 채소를 전자레인지용 그릇에 담고 소스를 부어서 섞는다

4 전자레인지에 3분간 돌린 뒤, 한 번 뒤집어 2분간 추가로 돌린다.

5 완성된 재료를 밥 위에 올린 뒤, 어린잎이나 새싹 등을 곁들여 마무리한다.

+ 전자레인지에 조리하는 재료들은 조금 얇게 써는 게 좋아요

한끼식사

어묵
굴소스볶음우동

20 MIN

팬에 볶지 않고 전자레인지로 간단하게 만든 한 끼 식사입니다. 요리에 감칠맛을 더해주는 굴소스를 우동 면과 함께 볶으면 식당 부럽지 않은 맛이에요. 볶음우동이 전자레인지로도 가능하다니 신기하죠?

우동 면 1인분
어묵 120g
파프리카 약간
느타리버섯 약간
양파 1/4개
청양고추 1개

간장 1숟가락
굴소스 1숟가락
맛술 1숟가락
올리고당 1숟가락
다진 마늘 1/3숟가락
고추기름 1/3숟가락
물

1 분량의 소스 재료들을 섞어서 준비한다.

2 우동 면은 뜨거운 물에 3분 정도 담궈서 풀어준 다음, 물기를 뺀다.

3 썰어둔 재료들과 우동면을 담은 뒤 만들어둔 소스를 부어서 섞어준다.

4 전자레인지에 3분간 조리 후 꺼내서 한 번 섞은 다음, 2분간 추가로 조리한다.

+ 가다랑어포를 듬뿍 곁들이면 더 맛있어요.

한끼식사

떡볶이

맛살

어묵

20
MIN

어묵과 맛살을 넉넉히 넣어서 떡국 떡으로 만든 떡볶이입니다. 어릴적 향수를 불러일으키는 국민 소울푸드 떡볶이. 얇은 떡국 떡을 이용해서 간편하게 1인용 떡볶이를 만들어봤어요.

1인분

떡국 떡 100g
어묵 70g
맛살 2줄
양파 1/3개
대파 1/2대
물만두 5개

고추장 2숟가락
고춧가루 1숟가락
간장 1숟가락
설탕 1숟가락 반
물 300ml

1   떡은 물에 30분 정도 미리 불려서 준비한다.
2   분량의 양념 재료를 섞어서 육수를 만든다.
3   그릇에 재료를 담은 뒤 육수를 붓는다.
4   전자레인지에서 12분간 조리한다
+   떡국 떡은 충분히 불려주어야 전자레인지로도 부드럽게 만들 수 있어요.

두부덮밥 참치

15 MIN

참치와 두부에 매콤한 소스를 더한 덮밥입니다. 맞벌이 부부이다 보니 퇴근 후 빨리 만들어 먹을 수 있는 요리를 주로 하게 되는데요. 두부, 참치, 고추장의 조합으로 만든 덮밥을 싫어하는 사람은 없을 것 같아요.

2인분

두부 300g
참치 135g
양파 1/2개
대파 1/2대
밥 1공기

고추장 2숟가락 반
간장 2숟가락
맛술 1숟가락
고춧가루 1숟가락
참기름 1숟가락
다진 마늘 1숟가락
올리고당 2숟가락
설탕 1/2숟가락
물 50ml

1 재료는 잘게 썰어서 준비한다.

2 분량의 양념 재료들을 섞어서 양념장을 만들어 준다.

3 그릇에 두부를 제외한 썰어둔 재료와 양념장을 담아서 골고루 섞는다.

4 두부가 깨지지 않도록 조심히 섞은 다음, 전자레인지에서 3분간 조리한다.

5 4를 밥 위에 올린 뒤 2분간 추가로 조리한다.

+ 깔끔한 맛을 위해 참치는 기름을 빼서 준비합니다.

한끼식사

크래미
두부
간장비빔밥

10
MIN

고소한 두부와 크래미를 간장 소스에 비빈 전자레인지 요리입니다. 계란 넣고 비벼 먹는 간장비빔밥 스타일로 두부와 크래미를 넣고 만들어봤더니 훨씬 더 촉촉하고 부드러운 게 맛있더라고요.

2인분

두부 큰 것 1모
밥 2공기
파프리카 1/2개
양파 1/3개
크래미 4개
조미김 큰 것 1장
간장 2숟가락 반
참기름 2숟가락
통깨 1/2숟가락

1 파프리카와 양파는 잘게 썰고, 두부는 키친타월로 물기를 살짝 제거해서 준비한다.

2 밥에 두부를 넣은 뒤, 으깨면서 비벼준다.

3 분량의 간장과 참기름을 넣고, 다진 채소를 더해서 비빈다.

4 그릇에 담아 전자레인지에 2분간 조리 후, 찢은 크래미, 김가루, 통깨를 올린다.

+ 두부 넣고 비빌 때 날계란 1개를 같이 넣어도 맛있어요.

PART
02

시판 제품을
이 용 한

일품
요리

일품요리

떡갈비
숙주
비빔국수

30
MIN

시판 냉동 떡갈비를 이용해서 간장 소스에 비빈 비빔국수입니다. 매콤한 비빔국수도 좋지만, 감칠맛 나는 간장 소스가 생각이 날 때. 숙주 듬뿍 넣고 떡갈비를 곁들이면 식감도 좋고 아삭한 별미가 완성된답니다.

떡갈비 100g	간장 4숟가락
국수 면 2인분	올리고당 2숟가락
부추 20g	참기름 2숟가락
숙주 200g	
애호박 50g	
당근 30g	
양파 1/2개	
깻잎 4장	

1 떡갈비는 구운 뒤 썰어서 식혀둔다.

2 기름을 살짝 두른 팬에 애호박, 당근, 양파를 넣고 볶는다.

3 숙주와 부추를 더해서 볶은 뒤 식혀둔다.

4 국수면을 삶아서 찬물에 헹궈 준비한다.

5 볼에 면과 식혀둔 볶은 채소, 깻잎을 넣고 양념을 더해서 버무린다.

6 썰어둔 떡갈비를 더해서 빠르게 버무린 뒤 담아낸다.

30
MIN

고기 대신 만두를 으깨고 라자냐 면 대신 가지를 슬라이스 해서 만든 라자냐입니다. 라자냐 면 대신 가지, 다짐육 대신 만두. 냉장고 속 재료만으로도 충분히 라자냐 느낌을 낼 수 있어요.

2인분

가지 1개
만두 5개
양파 1/3개
3색 파프리카 20g씩
모차렐라치즈 1공기
토마토 파스타 소스 150g

1 가지는 얇게 슬라이스 하고, 채소는 다져서 준비한다.

2 만두는 잘게 썰어 준비한다.

3 기름을 살짝 두르고 파프리카와 양파를 볶는다.

4 잘게 썬 만두와 토마토소스를 넣고 볶아서 토핑을 완성한다.

5 그릇에 가지를 깔고 토핑을 얹은 뒤 치즈를 올리는 과정을 2번 반복한다.

6 200도 오븐에서 10분간 굽는다.

+ 가지를 슬라이스 후 살짝 구워서 만들면 더 부드럽게 먹을 수 있어요.

부추
순대국밥

10
MIN

시판 곰탕과 순대로 만든 국밥입니다. 순대국밥은 만들어 먹기 힘들다? 시판 곰탕 국물과 순대만 있으면 식당 못지 않게 맛있는 순대국밥을 먹을 수 있어요.

1인분

시판 사골곰탕 350ml 고춧가루 1숟가락
순대 150g   간장 1숟가락
밥 1공기   맛술 1/2숟가락
부추 30g   다진 마늘 1/2숟가락
대파 20g   후추 약간
                  새우젓 약간

1 분량의 양념 재료로 양념을 만들어준다.

2 부추는 씻은 뒤 먹기 좋은 크기로 썰고, 대파는
   잘게 썰어 준비한다.

3 사골곰탕은 끓이고 순대는 따뜻하게 데친 후 썰
   어준다.

4 밥과 사골곰탕을 담은 뒤, 순대와 부추를 올린다.

+ 소면도 살짝 더해주면 식당이랑 싱크로율
   100%!

25
MIN

우유로 만든 크림소스와 라면을 매칭한 강추할만한 맛의 퓨전 면 요리입니다. 집에 하나씩은 꼭 있는 라면을 이용해서 까르보나라 느낌을 내봤는데, 마법의 소스인 라면 스프가 들어가서 그런지 생각보다 훨씬 맛이 좋더라고요.

1인분

라면 1봉지
베이컨 3줄
시금치 잎 1뿌리
양파 1/4개
우유 150ml
계란 노른자 1개
체다치즈 1장

1 기름을 살짝 두른 팬에 베이컨, 시금치, 양파를 썰어서 볶는다.

2 우유와 계란 노른자를 넣고 저어준다.

3 라면 스프 3분의 1봉을 넣고 섞어서 소스를 만들어둔다.

4 라면 사리를 70% 정도 익도록 삶는다.

5 3에 삶은 면을 넣고 약불에서 볶는다.

6 치즈 1장을 넣어서 마무리한다.

+ 우유 대신 두유를 넣어도 고소하답니다.

크
림
치
킨
카
레

치킨에 카레 가루를 넣은 크림소스를 곁들인 요리입니다. 인터넷 어디선가 크림 치킨이란 메뉴를 본 적 있는데 맛있어 보여서 카레 가루를 넣고 만들어봤어요. 진짜 별미네요.

1인분

치킨텐더 300g
크림 파스타 소스 200g
베이컨 70g
피망 30g
양파 1/2개
우유 100ml
카레 가루 1숟가락
페페론치노 1숟가락
(청양고추 1개로 대체 가능)

1 기름을 살짝 두른 팬에 양파와 피망을 넣고 볶는다.

2 베이컨을 추가해서 볶는다.

3 크림소스, 우유, 카레를 넣어서 소스를 완성한다.

4 치킨텐더를 튀겨서 접시에 담은 뒤 완성된 소스를 올려준다.

+ 치킨텐더 대신 먹고 남은 후라이드 치킨 살을 발라서 활용해도 좋을 것 같아요.

117

콩나물 당면볶음

15 MIN

갖은 채소와 당면에 시판 닭볶음탕 소스를 넣고 순대볶음과 흡사한 맛을 낸 당면 볶음입니다. 갈비탕, 불고기, 찜닭 등에 들어가는 부재료인 당면이 콩나물과 만나서 아삭하고 맛있는 메인 요리로 탄생했어요.

담면 150g
닭볶음탕 양념 180g
청경채 3뿌리
콩나물 50g
새송이버섯 1개
홍고추 1개
대파 1/2대
양파 1/2개
당근 2cm
물 200ml
들깻가루 1숟가락

1 당면은 찬물에 1시간 정도 불린다.

2 콩나물과 청경채를 제외한 채소들은 썰어서 준비한다.

3 팬에 콩나물과 청경채를 제외한 채소와 당면, 분량의 물을 넣는다.

4 양념장을 넣은 뒤 잘 풀어가면서 볶는다.

5 당면이 거의 익었을 때 콩나물과 청경채를 넣어서 2~3분 볶아준다.

6 마지막으로 들깻가루 1숟가락을 넣어 섞는다.

+ 취향에 따라서 불고기 양념으로 만들어도 좋아요.

크
림
미
트
볼

팝
만
두

25
MIN

시판 크림 파스타 소스에 만두 튀김과 미트볼을 더한 요리입니다. 늦은 밤, 맥주 안주를 찾다가 발견한 요리예요. 미트볼과 물만두 튀김, 스파게티 만들고 남은 크림소스의 궁합이 아주 최고랍니다.

2인분

크림 파스타 소스 150g
3분 미트볼 1팩
물만두 10개
양파 1/3개
청양고추 1개
마늘 5개

1 마늘은 슬라이스 하고 양파와 청양고추는 잘게 썰어서 준비한다.

2 물만두는 바삭하게 튀기거나 굽는다.

3 팬에 기름을 살짝 두르고 마늘 슬라이스를 넣고 볶다가 양파를 넣고 볶는다.

4 약불로 낮춘 뒤 크림소스와 미트볼을 넣어서 섞는다.

5 청양고추를 넣는다.

6 불을 끄고 만두 튀김을 재빨리 섞어준다.

+ 소스마다 간이 다르기 때문에 짜다면 우유를 더해서 소스의 간을 조절해주세요.

30
MIN

튀긴 고구마에 시판 미트소스와 치즈를 더한 요리입니다. 고구마의 달콤한 맛과 매콤한 핫칠리소스의 맛이 아주 잘 어울리는 요리랍니다.

2인분

고구마 1개
미트소스 100g
핫칠리소스 3숟가락
양파 1/4개
소시지 1개
체다치즈 2장
모차렐라치즈 60g
파프리카 약간

1   길게 썬 고구마는 전분 제거를 위해 찬물에 5분간 담가둔 뒤, 키친타월로 물기를 닦는다.

2   양파는 잘게 썰어 찬물에 5분간 담가서 매운맛을 제거한다.

3   팬에 잘게 썬 파프리카와 분량의 미트소스를 넣어서 볶는다.

4   핫칠리소스와 잘게 썬 소시지를 넣어서 마무리한다.

5   물기 빼둔 고구마를 튀긴다.

6   만들어둔 소스와 체다치즈, 모차렐라치즈를 올려서 전자레인지나 오븐에서 치즈를 녹인 후 양파를 올린다.

+   고구마 튀기는 과정이 번거롭다면 썰어서 오븐에 구우면 간편해요.

123

20
MIN

고추참치와 토마토소스를 이용해서 만든 리조또입니다. 만들기 전엔 고추참치와
토마토소스가 잘 어울릴까 궁금했는데, 결론은 아주 잘 어울리는 별미더라구요.

2인분

토마토소스 300g
고추참치 큰 것 1캔
밥 2공기
베이컨 4줄
양파 1/2개
파프리카 1/2개
체다슬라이스 치즈 1장
파르메산치즈 가루 10g

1   잘게 썬 양파와 파프리카, 베이컨을 볶는다.
2   고추참치 1캔과 토마토소스 300g을 넣고 1과
    함께 3분간 볶는다.
3   체다치즈와 파르메산치즈 가루를 넣고 섞어준다.
4   밥 2공기를 넣어서 소스가 자작해질 때까지 졸인다.
+   토마토소스 대신 크림소스를 넣어도 색다를
    것 같아요.

일품요리

떡갈비
궁중떡볶음

20
MIN

시판 냉동 떡갈비와 불고기 양념을 이용해서 떡과 함께 궁중식으로 볶은 요리입니다. 야식이 생각나서 냉동실 문을 열어보니 떡과 떡갈비가 보이길래, 불고기 만들고 남은 시판 양념을 더해서 볶았더니 궁중 떡볶이 맛이 나는 야식이 간단하게 완성되었어요.

2인분

떡갈비 200g
떡 150g
3색 파프리카 1/4개씩
양파 1/2개
표고버섯 2개

시판 불고기 양념 7숟가락
다진 마늘 1숟가락
통깨 1/2숟가락
후춧가루 약간

1 떡갈비는 해동해서 먹기 좋은 크기로 썰고, 떡은 말랑한 상태로 준비한다.

2 기름을 살짝 두른 팬에 다진 마늘을 볶다가, 양파, 파프리카를 넣고 볶는다.

3 떡갈비와 떡, 표고버섯을 넣고 볶는다.

4 양념과 후춧가루를 더해서 볶다가 통깨를 뿌려 마무리한다.

+ 입맛에 따라 매운 양념으로 만들어도 좋을 것 같아요.

15
MIN

시판되는 닭곰탕에 들깨와 만두를 넣어서 끓인 구수한 만둣국입니다. 요즘 레토르트 식품들이 정말 다양하고 맛있게 잘 나오는데요, 그냥 먹어도 좋지만 이렇게 요리에 활용해도 간편하게 맛을 낼 수 있어요.

1인분

시판 닭곰탕 1봉지   물 100ml
만두 6개   다진 마늘 1/3숟가락
표고버섯 2개   소금 약간
당근 3cm   후추 약간
대파 1/2대   들깻가루 1숟가락

1   시판 닭곰탕 1봉지를 냄비에 넣은 뒤 물 100ml를 더한다.

2   닭곰탕이 끓으면 분량의 다진 마늘과 썰어둔 채소들을 넣어서 3분간 끓인다.

3   만두를 넣어서 익힌다.

4   들깻가루 1숟가락을 더해 마무리한다.

+   좀 더 진하게 먹고 싶다면 사골곰탕으로 만들어보세요.

매운까르보나라
떡볶이

15
MIN

시판 크림 파스타 소스에 매콤함을 더한 퓨전 떡볶이입니다. 한국적인 고추장과 서양의 크림소스가 만나서 매콤하면서도 고소한 색다른 떡볶이가 탄생했어요.

2인분

시판 크림소스 360g
떡 350g
파프리카 1/2개
양파 1/2개
베이컨 6줄
청양고추 2개

고추장 1/2숟가락
고춧가루 1/2숟가락
다진 마늘 1/2숟가락

1 떡은 끓는 물에 2~3분쯤 데쳐서 말랑하게 준비한다.

2 팬에 다진 마늘과 파프리카, 양파, 베이컨, 청양고추를 넣고 볶는다.

3 크림소스를 넣은 뒤 고추장과 고춧가루를 넣는다.

4 삶아둔 떡을 넣고 섞어준다.

+ 우유를 더하면 좀 더 부드러운 맛으로 즐길 수 있어요.

20
MIN

시판 매운 갈비찜 소스로 매콤함을 더한 순대 그라탕입니다. 예전엔 순대볶음 파는 곳이 많았는데 요즘엔 찾아보기가 힘들더라고요. 그 맛을 떠올리며 치즈도 더해서 그라탕을 만들어봤어요.

순대 350g
파프리카 3종 1/4개씩
양파 1/2개
소시지 2개
모차렐라치즈 70g
체다치즈 2장
다진 마늘 1숟가락
매운 갈비 양념 3숟가락
식용유 1숟가락

1 채소와 소시지는 한입 크기로 썰고 순대는 데우지 않고 준비한다.

2 팬에 식용유 1숟가락을 두르고 다진 마늘 1숟가락을 넣어서 볶는다.

3 채소와 소시지를 먼저 넣어서 볶는다.

4 순대를 넣고 볶는다.

5 분량의 매운 갈비 양념과 모차렐라치즈 30g, 체다치즈 2장을 더해서 섞어준다.

6 오븐 그릇에 옮겨 담은 뒤 남은 모차렐라치즈 40g을 올려서 오븐에 굽는다.

+ 순대는 데우지 않은 걸로 만들어야 쫄깃하게 먹을 수 있어요

일품요리

육개장
순두부
떡국

30
MIN

시판되는 육개장에 순두부와 떡국 떡을 넣어서 끓인 간편하면서도 든든한 한 그
릇입니다. 바쁠 때 자주 이용하는 시판 육개장에 떡국 떡을 넣어봤더니 간단하게
얼큰하고 든든한 떡국이 완성되었어요.

1인분

시판 육개장 1봉지(500g)
물 100ml
순두부 1/3봉
떡국 떡 120g
계란 1개

1 떡은 찬물에 10분 정도 불리고, 계란은 풀어서
  준비한다.

2 냄비에 육개장 1봉지를 넣은 뒤, 물 100ml를 넣
  어서 끓인다.

3 2가 끓으면 불려둔 떡을 넣고 끓이다가 떡이 익
  으면 순두부를 넣는다.

4 계란 물을 둘러서 한소끔 끓여낸다.

즉석 잡채와 채소를 함께 볶아낸 요리입니다. 손이 많이 가는 잡채도 라면처럼 간편하게 만들 수 있는 제품이 있더라고요. 채소를 듬뿍 넣었더니 푸짐하고 맛이 좋네요.

1인분

즉석 잡채 1인용
양파 1/4개
파프리카 1/4개
숙주나물 한 줌
느타리버섯 약간

간장 1숟가락
굴소스 1/2숟가락
올리고당 1/2숟가락

1 숙주는 깨끗이 씻고, 나머지 채소들은 채 썰어 준비한다.

2 즉석 잡채는 제품 레시피대로 끓인 후 양념해서 준비한다.

3 기름을 살짝 두른 팬에 채소를 볶는다.

4 만들어둔 즉석 잡채와 분량의 양념을 넣고 재빨리 섞으면서 볶는다.

+ 고기가 아쉽다면 사각 어묵을 길게 썰어서 함께 볶아도 좋아요.

35
MIN

캔 햄과 옥수수를 넣고 시판 짜장 가루를 이용해서 만든, 카레 향을 더한 짜장면입니다. 시판 짜장 가루에 카레 가루를 더하고 좋아하는 재료를 듬뿍 넣어서 만드니깐, 제 입맛엔 시켜 먹는 것보다 더 담백하고 맛있네요.

2인분

짜장 가루 50g
카레 가루 1숟가락
애호박 1/3개
양파 1/2개
감자 1/2개
대파 10cm
당근 5cm
다진 마늘 1/2숟가락
캔 햄 작은 것 1통
캔 옥수수 50g
칼국수 면 2인분
물 400ml

1 기름을 살짝 두른 팬에 잘게 썬 채소들을 넣고 3분간 볶는다.

2 물 400ml를 붓고 감자가 익을때까지 끓인다.

3 2에 분량의 짜장 가루와 카레 가루를 넣어서 잘 개어준다.

4 물기 뺀 캔 옥수수를 넣는다.

5 소스 완성.

6 칼국수 면을 삶은 뒤 찬물로 헹구고 물기를 뺀 다음, 만들어둔 소스를 올린다.

+ 매운 게 땡길 땐 청양고추를 더하면 불짜장이 된답니다.

일품요리

크림스파게티

25
MIN

시판되는 크림스프 분말을 이용해서 만든 크림 스파게티입니다. 스파게티 소스보다 훨씬 더 저렴하게 만들 수 있고, 분말이라 요리 후 남은 재료 보관도 편리하게 할 수 있답니다.

2인분

스파게티 면 2인분
크림스프 분말 40g
우유 400ml
올리브유 3순가락
양송이버섯 4개
양파 1/2개
통마늘 10개
베이컨 6줄
소금과 후추 약간

1 통마늘은 슬라이스를 하고 나머지 재료들은 먹기 좋게 썰어서 준비합니다. 스파게티 면은 8~10분 정도 삶아주세요.

2 우유에 크림스프 분말을 넣어서 잘 풀어줍니다.

3 팬에 올리브유 3큰술을 두르고 마늘 슬라이스를 노릇하게 볶아줍니다.

4 베이컨, 양파, 양송이버섯을 넣고 1~2분 정도 볶아주세요.

5 분말을 푼 우유를 부어서 끓여줍니다.

6 소스가 끓으면 중불로 낮춘 뒤 삶은 면을 넣고 2~3분 정도 졸여줍니다. 이 때, 소금과 후추로 간을 맞추고 마무리합니다.

+ 스파게티 면 1인분은 엄지와 검지로 잡았을 때, 500원짜리 동전 크기 정도면 적당해요.

PART
03

그럴싸한

간식과
안주

가지
삼겹살
굴소스볶음

15
MIN

가지와 삼겹살에 굴소스를 넣어서 볶은 요리입니다. 구워 먹고 남은 자투리 삼겹살을 더 맛있게 먹는 법! 가지의 살캉한 식감과 삼겹살의 쫄깃함, 감칠맛을 주는 굴소스가 잘 어우러진 요리입니다.

2인분

가지 1개
삼겹살 300g
양파 1/2개
대파 1/2대
청양고추 1개
홍고추 1개

굴소스 2숟가락
간장 1숟가락
다진 마늘 1숟가락
올리고당 1숟가락
생강 가루 약간
후추 약간
통깨 1/2숟가락

1 팬에 삼겹살을 핏기가 없어질 정도로만 굽는다.

2 썰어둔 가지와 채소, 다진 마늘을 넣고 가지가 익을 때까지 볶는다.

3 양념을 넣고 볶다가 통깨를 솔솔 뿌려서 마무리한다.

+ 대패삼겹살이나 목살 등 자투리 고기 모두 OK!

간식

새
우
마
요

갈
릭

15
MIN

마요네즈와 다진 마늘 소스를 더한 새우 요리입니다. 제가 정말 좋아하는 메뉴인데요, 자칫 느끼할 수 있는 마요네즈 소스에 고추의 매콤함이 더해져서 느끼함이 없고 만들기도 간편한 매력적인 메뉴예요.

2인분

중간 크기 새우 30마리   마요네즈 5숟가락
청양고추 1개   다진 마늘 1숟가락 반
페페론치노 10개   올리고당 1숟가락
소금 약간
후추 약간

1 분량의 소스 재료를 섞는다.

2 기름을 살짝 두른 팬에 새우를 올린 뒤, 소금과 후추로 밑간을 해서 익힌다.

3 만들어둔 소스와 얇게 썬 청양고추, 페페론치노를 넣어서 약불로 1분간 볶는다.

4 부족한 간은 소금 및 후추로 맞춰준다.

+ 구운 식빵과 곁들여도 좋아요.

치밥부리또

20
MIN

갈비 치킨 소스를 이용해서 간단하게 만드는 부리또입니다. 밥과 치킨이 들어가서 든든하기도 해요. 달콤한 갈비 소스와 채소, 치킨이 어우러진 맛좋은 간식입니다.

1인분

또띠아 1장
치킨텐더 작은 것 2조각
밥 1/2공기
파프리카 약간
양상추 1장
깻잎 1장
갈비 치킨 소스 1숟가락 반
갈릭(혹은 어니언) 소스 약간

1 양상추, 깻잎, 파프리카는 작게 썰고, 치킨텐더는 튀겨서 준비한다.

2 밥에 갈비 치킨 소스를 넣고 비빈다

3 또띠아에 갈릭 소스나 어니언 소스를 골고루 바른 뒤, 소스에 비빈 밥을 펴준다.

4 양상추, 깻잎, 파프리카를 올린 뒤, 치킨텐더를 넣어서 돌돌 말아준다.

+ 치킨텐더는 통으로 넣어도 되지만 잘라서 넣으면 모양이 더 예쁘게 나와요.

간식

맛살튀김 깻잎말이

30
MIN

맛살을 깻잎으로 돌돌 말아서 튀긴 메뉴입니다. 깻잎이 느끼함을 잡아줘서 튀김의 느끼함을 싫어한다면 꼭 추천하고 싶은 메뉴입니다.

2인분

맛살 5줄
깻잎 10장
튀김가루 2숟가락

반죽
물 종이컵 1/2컵
튀김가루 종이컵 1컵

1 깻잎은 씻어서 물기를 좀 남겨두고, 맛살은 반으로 잘라서 준비한다.

2 깻잎 앞뒤로 튀김가루를 대충 묻힌다.

3 튀김가루를 바른 깻잎 위에 맛살을 올리고 돌돌 말아준다.

4 분량의 물과 튀김가루를 넣어 반죽을 만든다.

5 3을 담근다.

6 기름에 빠르게 튀겨낸다.

+ 해물 맛이 나기 때문에 타르타르소스를 곁들이면 궁합이 좋아요.

간식

닭가슴살
채소
칠리소스볶음

15
MIN

닭가슴살과 채소에 매콤한 칠리소스를 더해서 볶은 메뉴입니다. 자칫 퍽퍽할 수 있는 닭가슴살이지만 채소와 칠리소스를 더하면 촉촉하게 먹을 수 있어요.

닭가슴살 3덩이
파프리카 60g
부추 30g
느타리버섯 50g
양파 1/2개
당근 30g
칠리소스 5숟가락
굴소스 1숟가락
다진 마늘 1/2숟가락
올리고당 1숟가락

1 기름을 샬짝 두른 팬에 다진 마늘 1/2숟가락을 넣고 볶는다.

2 닭가슴살과 양파, 당근, 파프리카를 넣고 닭가슴살이 거의 익을때까지 볶는다.

3 느타리버섯을 넣은 뒤, 분량의 소스를 더해서 볶아준다.

4 부추를 넣고 섞어서 완성한다.

+ 수비드로 조리한 닭가슴살을 이용하면 더 촉촉해요.

30 MIN

여러가지 채소에 대패삼겹살을 더한 냉채입니다. 상큼함이 느껴지는 삼겹살 요리를 찾는다면 냉채가 답이에요.

2인분

대패삼겹살 200g
콩나물 100g
양파 1/2개
느타리버섯 70g
깻잎 4장
부추 20g
크래미 4개
파프리카 50g

대패삼겹살 데치기
물 1L
된장 1/2숟가락
맛술 2숟가락

간장 3숟가락
식초 1숟가락
겨자 1/2숟가락
올리고당 1숟가락
다진 마늘 1/2숟가락
통깨 1숟가락
들깻가루 1숟가락

1   분량의 재료로 소스를 만들어서 준비한다.

2   콩나물과 느타리버섯은 끓는 물에 2분간 데친 뒤 찬물로 헹궈서 물기를 뺀다.

3   분량의 물에 된장과 맛술을 넣고 대패삼겹살을 데친 뒤 찬물로 헹궈서 물기를 뺀다.

4   볼에 모든 재료를 담고 만들어둔 소스를 넣어서 버무린다.

+   생양파는 썰어서 찬물에 5분 정도 담가두면 매운맛이 줄어들어요.

155

20
MIN

미소 된장으로 감칠맛을 더한 어묵탕입니다. 신랑이 어묵탕을 좋아해서 자주 끓여 먹는데, 좀 다르게 끓여보고 싶어서 만들어봤어요. 이제는 저희 집 단골 메뉴가 되었지요.

2인분

어묵 200g
미소 된장 1숟가락 반
다진 마늘 1/2숟가락
멸치육수(생수) 500ml
대파 1/3대
양파 1/3개
청양고추 1개
당근 3cm
두부 200g
표고버섯 1개

1 냄비에 육수를 붓고 분량의 미소 된장과 다진 마늘을 넣어서 끓인다.

2 육수가 끓으면 어묵을 넣고 4~5분간 끓여준다.

3 나머지 재료들을 넣은 뒤 5분간 더 끓인다.

+ 크래미나 맛살을 넣어도 해물맛이 더해져서 맛있어요

베이컨
에그
롤샌드위치

계란을 넣고 베이컨으로 말아서 구운 샌드위치입니다. 손이 조금 많이 가는 만큼 맛도 좋고 모양도 좋은 스페셜한 샌드위치랍니다.

6개

식빵 6장
계란 2개
파프리카 30g
크래미 2개
체다슬라이스치즈 6장
베이컨 6줄
마요네즈 2숟가락
머스터드소스 3숟가락
소금 약간
후추 약간

1 계란은 삶아서 으깨고 파프리카는 잘게 썰어서 준비한다.

2 볼에 으깬 계란과 파프리카, 크래미를 찢어서 담는다.

3 마요네즈 2숟가락과 소금, 후추를 넣어서 간을 맞춘 뒤 소를 완성한다.

4 식빵은 테두리를 자른 뒤 밀대로 얇게 밀어서 준비한다.

5 식빵에 머스터드소스 1/2숟가락을 바른 뒤 치즈와 소를 올려서 돌돌 말아준다.

6 베이컨을 말아서 200도 오븐에 10분간 굽는다.

+ 식빵을 밀어서 슬라이스치즈와 딸기잼만 넣고 말아도 간단하고 맛있어요.

안주

마요나초
불닭

30
MIN

매콤하게 볶은 불닭을 나초 위에 올려서 마요네즈소스와 함께 즐기는 요리입니다. 퍽퍽한 식감으로 인기가 없는 닭가슴살도 매콤한 양념 옷을 입고 나초와 만나면 특별한 요리가 된답니다.

2인분

닭가슴살 2덩어리
베이컨 4줄
양파 1/2개
청양고추 1개
마요네즈 약간
나초 적당량

고추장 2숟가락
고춧가루 1숟가락
맛술 1숟가락
올리고당 2숟가락
다진 마늘 1/2숟가락

밑간용
소금 약간
후추 약간
바질가루 약간
(생략 가능)

1 모든 재료들은 잘게 썰고 분량의 양념 재료로 양념장을 만든다.

2 닭가슴살은 밑간을 해둔다.

3 기름을 살짝 두른 팬에 닭가슴살을 넣고 익힌다.

4 양파와 베이컨을 넣어서 볶는다.

5 다진 청양고추와 양념장을 더해서 볶은 뒤 마무리한다.

6 나초 위에 볶은 재료와 마요네즈를 얹는다.

+ 볶은 재료 위에 모차렐라치즈를 올려서 먹어도 별미예요.

20
MIN

소고기와 굴소스를 더해 만든 볶음 쌀국수입니다. 불고기를 만들어 먹고 남은 고기가 있어서 쌀국수와 함께 볶아봤는데 굴소스의 감칠맛 덕분에 아주 맛있는 요리가 되었어요.

2인분

쌀국수 200g   굴소스 2숟가락
불고기용 소고기 150g   다진 마늘 1숟가락
숙주 200g   맛술 1숟가락
파프리카 1/2개   멸치액젓 1숟가락
양파 1/2개   올리고당 2숟가락
     후추 약간

1   쌀국수는 찬물에 1시간 정도 불려서 준비한다.

2   분량의 소스 재료로 소스를 만들어서 준비한다.

3   기름을 살짝 두른 팬에 양파, 파프리카를 넣고 볶는다.

4   소고기를 더해서 볶는다.

5   불려둔 쌀국수와 소스를 더해서 볶는다.

6   숙주를 더한 뒤, 1분 정도 볶아서 완성한다.

+   쌀국수를 넣고 볶다가 뻑뻑해질 땐 물을 조금씩 부어가면서 볶아주세요.

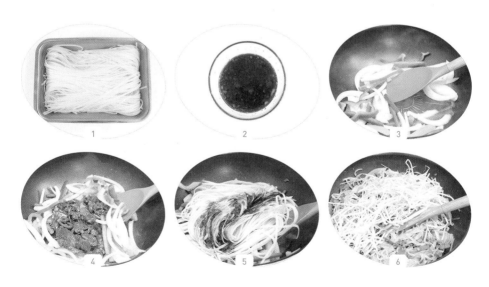

식빵피자

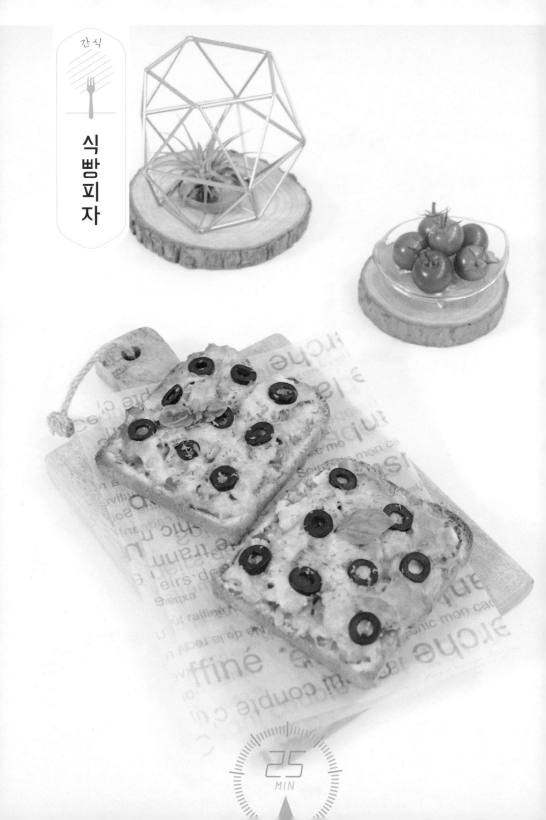

25
MIN

식빵 위에 토핑을 올려서 구운 피자입니다. 피자가 먹고 싶을 때, 식빵을 도우로 이용해서 만들면 간단하고 바삭한 게 맛이 정말 좋아요.

4개

식빵 4장
양파 50g
파프리카 60g
베이컨 4줄
올리브 12개
모차렐라치즈 100g
피자소스 4숟가락

1 식빵에 피자소스 1숟가락을 펴 발라준다.

2 양파, 파프리카, 베이컨을 올린다.

3 모차렐라치즈를 올린 뒤 올리브를 올린다.

4 200도 오븐에서 10분간 굽는다.

+ 식빵 대신 또띠아를 도우로 이용해도 좋아요.

아보카도에 계란을 넣어서 구운 간식입니다. 아보카도는 특별하게 강한 맛이 느껴지지 않는 과일이지만, 계란과 베이컨이 더해지면 담백하고 고소하게 즐길 수 있답니다.

3개

아보카도 3개
계란 6개
베이컨 2줄
소금 약간
파슬리가루 약간

1 베이컨은 잘게 썰고, 아보카도는 씻어서 준비한다.

2 아보카도를 반으로 자른 뒤 씨를 제거한다.

3 씨를 제거한 아보카도를 숟가락으로 조금 긁어낸다.

4 아보카도에 계란을 넣고 소금을 뿌린 뒤, 베이컨과 파슬리 가루를 뿌린다.

5 200도 오븐에서 15분간 굽는다.

+ 아보카도가 기울지 않게 하기 위해서 유산지 컵을 사용하면 좋고 계란을 넣기 위해 긁어낸 아보카도는 샐러드에 넣어 먹거나 빵에 발라먹으면 맛있어요

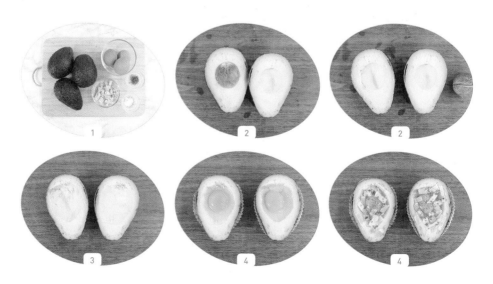

고추장파스타 차돌박이

40 MIN

차돌박이를 넣어서 고추장소스로 매콤하게 만든 한국식 파스타입니다. 파스타를 좋아하지 않는 사람도, 쫄깃한 차돌박이와 매콤한 고추장소스의 유혹은 뿌리칠 수 없을 것 같아요.

2인분

차돌박이 200g
파스타 면 2인분
양파 1/2개
느타리버섯 70g
청양고추 1개
통마늘 5개
블랙 올리브 5개
올리브유 5숟가락

고추장 2숟가락
고춧가루 2숟가락
간장 1숟가락
케첩 2숟가락
올리고당 1숟가락

1 차돌박이는 팬에 구운 뒤 기름기를 닦아서 준비해둔다.

2 팬에 올리브유 3숟가락과 마늘 슬라이스를 넣어서 볶는다.

3 양파와 느타리버섯을 더해서 볶는다.

4 삶은 면과 함께 면 삶은 물 1국자를 더한다.

5 만들어둔 양념장과 청양고추, 올리브를 더해서 볶는다.

6 구워둔 차돌박이를 넣은 뒤 올리브유 2숟가락과 함께 버무리듯이 섞는다.

참치
치즈
채소밥전

30
MIN

자투리 채소들과 참치, 치즈를 넣고 구운 한 끼 식사 겸 안주입니다. 얼려둔 밥과
자투리 채소를 이용해서 만든 전이라, 든든한 한 끼로 아주 좋아요.

2인분

밥 1공기
참치 작은 것 1캔
계란 1개
부침가루 1숟가락 반
소금 약간
후추 약간
치즈 30g
당근 10g
파프리카 30g
애호박 20g
양파 20g
깻잎 1장

1 채소들은 잘게 다지고, 참치는 기름을 빼서 준비한다.

2 볼에 밥과 참치, 다진 채소, 계란, 부침가루를 담고 소금과 후추로 간
   을 한다.

3 치즈를 넣고 섞어서 반죽을 완성한다.

4 팬에 기름을 두르고 구워낸다.

+ 케첩과 곁들여도 잘 어울려요.

171

참치
김치
마요카나페

30
MIN

참치김치볶음을 바게트 위에 올린 간식 겸 안주입니다. 김치와 바게트의 궁합이 어떨까 의문을 가지고 만들어본 요리인데 마요네즈가 더해지니 맛이 잘 어울리더라고요.

바게트 10조각
신김치 80g
참치 60g
캔 옥수수 50g
마요네즈 2숟가락
굴소스 1/2숟가락

1 김치는 잘게 다지고, 참치는 기름을 빼서 준비한다.

2 바게트는 한입 크기로 썰고, 캔 옥수수는 물기를 빼서 준비한다.

3 팬에 기름을 살짝 두르고 김치를 넣은 뒤 2분간 볶는다.

4 참치와 굴소스 1숟가락을 넣고 볶아서 참치김치볶음을 완성한다.

5 바게트에 마요네즈를 바른다.

6 위에 참치김치볶음을 올리고 캔 옥수수를 올려준다.

+ 바게트의 단단한 식감이 싫다면 구운 식빵으로 만들어보세요.

25 MIN

캔 햄과 두부에 카레 가루를 묻혀서 구운 간식입니다. 언뜻보면 샌드위치처럼 보이지만, 부드러운 식감의 두부와 햄이 만난 색다른 요리로, 아이들 간식으로도 맥주 안주로도 아주 좋아요.

두부 1모
캔 햄 1캔
계란 1개
튀김가루 3숟가락
카레 가루 1숟가락

1   계란은 풀고, 분량의 튀김가루와 카레 가루는 섞어서 준비한다.

2   두부와 햄은 크기를 맞춰서 썰어준다.

3   두부는 키친타올 위에 올려서 물기를 제거한다.

4   두부와 햄을 섞어둔 가루에 넣고 묻혀준다.

5   두부, 햄, 두부의 순서로 포개준다.

6   계란 물을 입힌 다음, 기름에 골고루 굴려가면서 굽는다.

+   구울 땐 작은 뒤집개 2개를 이용하면 떨어지지 않고 편해요

모닝빵 속에 옥수수와 크래미 소를 넣고 구운 간식입니다. 모닝빵 속을 가득 채워서 구운 귀여운 간식으로, 부드럽고 고소한 맛에 자꾸만 손이 가는 매력적인 메뉴랍니다.

6개

모닝빵 6개
캔 옥수수 100g
크래미 4개
모차렐라치즈 30g
마요네즈 3숟가락
올리고당 1숟가락

1   볼에 물기를 뺀 옥수수와 크래미를 찢어서 넣는다.

2   분량의 마요네즈와 올리고당을 넣고 버무려서 소를 완성한다.

3   모닝빵 속을 동그랗게 파 낸다.

4   모닝빵에 만들어둔 소를 넣고 치즈를 올린 뒤, 180도 오븐에 10분간 굽는다.

+   오븐마다 온도가 다르니까 빵이 타지 않도록 지켜보면서 구워주세요.

푸실리 파스타를 튀겨서 만든 과자입니다. 원래 푸실리는 삶아서 소스와 함께 먹는 파스타지만, 튀기면 바삭하고 맛있는 간식이 된답니다.

1인분

푸실리 파스타 100g
파르메산치즈 가루 1숟가락
설탕 1숟가락

1   푸실리를 끓는물에 넣고 7분간 삶아준 다음 물기를 빼서 준비한다.

2   삶은 푸실리를 볼에 담고 기름 1큰술을 넣고 코팅을 해준다.

3   넓은 볼에 설탕과 파마산치즈 가루를 섞어둔다.

4   달구어진 기름에 푸실리를 넣고 뜰 때까지 튀긴다.

5   3에 튀긴 파스타를 넣고 골고루 버무린다.

+   너무 오래 튀기면 딱딱해지니까 주의하세요.

허니버터

웨지감자

40
MIN

감자에 버터와 꿀을 더해서 오븐에 구운 간식입니다. 한때, 선풍적인 인기를 끌었던 꿀과 버터의 조합! 감자에 발라서 구워도 진짜 잘 어울리는 마성의 간식이 된답니다.

2인분

감자 3개
꿀 3숟가락
버터 2숟가락
소금 약간
파슬리 가루 약간

1 감자는 길게 8등분해서 썰어준다.

2 전분을 빼기 위해 썬 감자를 찬물에 10분 동안 담가둔다.

3 소금을 넣은 물이 끓으면 감자를 5분간 삶는다.

4 볼에 삶아서 물기 뺀 감자와 꿀, 버터, 소금, 파슬리 가루를 넣고 살살 버무린다.

5 팬에 겹치지 않도록 올린 뒤 200도에서 15분간 굽는다.

+ 파르메산치즈 가루를 뿌려 먹어도 맛있어요

간식

훈제오리그라탕

25
MIN

훈제오리를 채소와 볶은 뒤 치즈를 올려서 오븐에 구운 요리입니다. 구워 먹다보면 항상 남는 훈제오리를 채소와 함께 볶아서 만든 그라탕으로, 아이들도 정말 좋아할 맛이에요.

훈제오리 300g
양파 1/2개
파프리카 빨강 1/2개
피망 1/2개
모차렐라치즈 80g
다진 마늘 1/2숟가락
굴소스 1숟가락
간장 2숟가락
올리고당 2숟가락
통깨 1/2숟가락

1 팬에 기름을 살짝 두른 뒤 다진 마늘을 볶다가 양파, 파프리카를 넘어서 볶는다.

2 훈제오리를 넘어서 볶다가 굴소스, 간장, 올리고당을 넘어서 볶는다.

3 통깨 1/2숟가락을 더해서 마무리한다.

4 오븐 그릇에 볶은 재료들을 담고 치즈를 올린 뒤 200도 오븐에서 10분간 굽는다.

+ 이 레시피 그대로 단호박에 넣어서 구우면 스페셜한 요리가 된답니다.

183

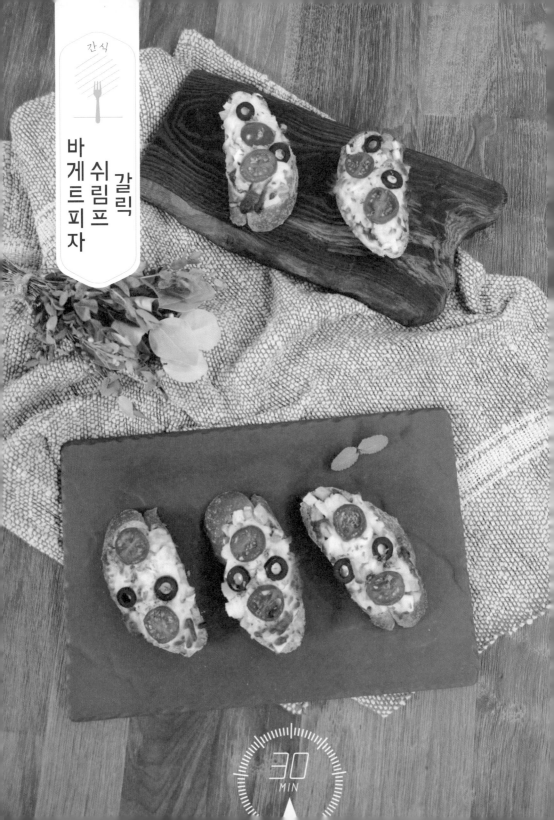

갈릭
쉬림프
바게트피자

30
MIN

마늘에 볶은 새우를 바게트 위에 올려서 만든 피자입니다. 사람들에게 인기가 많은 쉬림프 피자를 바게트 버전으로 만들어봤는데 색감이 예뻐서 손님 초대 메뉴로도 아주 좋을 것 같아요.

바게트 12cm
새우 18마리
다진 마늘 1숟가락
올리브유 3숟가락
피자소스 3숟가락
블랙올리브 3개
방울토마토 4개
양파 1/4개
파프리카 1/2개
피자치즈 40g

1 올리브와 방울토마토는 둥글게 썰고, 채소들은 잘게 썰어서 준비한다.

2 팬에 올리브유 3숟가락을 두른 뒤, 다진 마늘 1숟가락을 넣고 볶는다.

3 새우를 넣어서 함께 볶는다.

4 바게트에 피자소스 1/2숟가락을 바른다.

5 새우, 채소, 치즈, 방울토마토, 올리브를 순서대로 올린다.

6 190도로 예열된 오븐에 10분간 구워준다.

+ 모차렐라치즈를 올리기 전, 취향에 따라 마요네즈를 더해도 좋아요

치즈범벅 마카로니 감자

30 MIN

다양한 치즈를 넣은 소스에 감자와 마카로니를 넣어서 간식이나 안주로 좋은 요리입니다. 크림과 치즈를 좋아하는 사람이라면 누구나 환영할 메뉴로, 감자의 담백함이 정말 좋아요.

2인분

감자 1개
마카로니 100g
양송이버섯 5개
베이컨 3줄

우유 100ml
체다슬라이스치즈 4장
모차렐라치즈 100g
크림치즈 3숟가락
파르메산치즈 가루 2숟가락
소금 약간
바질 가루 약간(생략 가능)

1 마카로니는 7분간 삶고 깍둑썰기한 감자는 익혀서 준비한다.

2 팬에 우유 100ml, 체다슬라이스치즈, 모차렐라치즈를 넣고 녹여준다.

3 분량의 크림치즈와 파르메산치즈 가루를 넣어서 섞어준다.

4 준비해둔 재료를 넣고 약불에서 버무린다. 부족한 간은 소금으로 맞추고, 바질 가루를 넣어서 마무리한다.

+ 감자는 썰어서 전자레인지에 3분간 돌리면 간단하게 익힐 수 있어요.

30
MIN

식빵으로 간단하게 만드는 브런치 겸 간식입니다. 간단하게 만들 수 있어서 좋고 손님이 왔을 때 디저트로 내놓으면 아주 인기가 많은 간식이랍니다.

2인분

식빵 4장
우유 300ml
계란 1개
꿀 2숟가락
파르메산치즈 가루 1숟가락
크랜베리 20g
아몬드 슬라이스 20g
계핏가루 약간
슈가파우더 약간

1 우유에 분량의 파르메산치즈 가루, 꿀, 계란 1개를 풀어서 준비한다.

2 식빵을 먹기 좋게 한입 크기로 썬다.

3 오븐 용기에 차곡차곡 담는다.

4 1의 반죽물을 골고루 부어 식빵을 충분히 적신다.

5 크랜베리와 아몬드 슬라이스를 뿌린 후, 180도 오븐에서 20분간 굽는다.

6 위에 계핏가루와 슈가파우더를 곱게 뿌려서 마무리한다.

+ 오븐에 구울 때는 은박지를 덮으면 타는 걸 방지할 수 있어요.

대파
골뱅이볶음

15
MIN

대파 기름으로 풍미를 더한 골뱅이볶음입니다. 골뱅이는 주로 무침에 많이 활용되지만, 대파를 듬뿍 넣고 볶으면 완전히 색다른 요리가 된답니다.

2인분

골뱅이 300g
대파 1대
양파 1/2개
당근 2cm
청양고추 1개

다진 마늘 1/2숟가락
식용유 5숟가락
올리고당 1숟가락
간장 1숟가락
통깨 1/2숟가락

1   팬에 식용유 5숟가락을 두른 뒤, 썰어둔 대파를
    넣어서 노릇하게 볶는다.

2   나머지 채소를 넣어서 볶는다.

3   골뱅이와 다진 마늘, 올리고당, 간장을 넣어 약불
    에서 볶는다.

4   불을 끈 뒤 통깨를 넣어서 마무리한다.

+   무침처럼 소면을 조금 넣어서 곁들여도 맛있
    어요.

15
MIN

또띠아에 샐러드 채소와 소시지를 넣어서 돌돌 말아준 브런치 및 간식입니다. 소시지 1개를 통째로 넣어서 채소와 함께 돌돌 말아서 만든 간식으로, 소풍 메뉴로도 아주 좋아요.

1인분

또띠아 1장
소시지 1개
샐러드 채소 1공기
허니머스터드 2숟가락
다진 피클 1숟가락

1 허니머스터드와 다진 피클을 섞어서 소스를 완성한다.

2 소시지를 끓는 물에 2분간 데쳐서 준비한다.

3 또띠아 위에 샐러드 채소를 올린다.

4 소스를 골고루 발라준다.

5 데친 소시지를 올린 다음, 또띠아를 사방으로 잘 감싼다.

6 유산지나 호일, 랩 등으로 감싼 뒤 반으로 썰어준다.

+ 소시지 대신 떡갈비를 넣어도 괜찮아요.

식빵츄러스

10
MIN

식빵으로 만든 츄러스입니다. 파는 츄러스 맛과 싱크로율 80%! 놀이동산하면 생각나는 츄러스인데 식빵을 이용하면 간단하고 맛있게 거의 비슷한 맛을 낼 수 있답니다.

식빵 3장
황설탕 3숟가락
계핏가루 1/2숟가락
버터 50g

1 식빵을 세로로 길게 썰어준다.

2 분량의 설탕과 계핏가루를 섞어서 준비한다.

3 팬에 버터를 녹인 뒤, 식빵을 노릇하게 구워준다.

4 구운 식빵에 설탕과 계핏가루를 골고루 묻힌다.

+ 오븐을 이용할 경우, 식빵에 녹인 버터를 바르고 190도에서 10분간 구워주세요.

20
MIN

김말이 튀김에 매콤달콤한 소스를 입히고 고소한 견과류를 더한 안주겸 간식입니다. 김말이는 그냥 튀겨 먹어도 맛있지만 매콤한 소스를 입히면 별미로 즐길 수 있어요.

김말이 14개
견과류 10g

고추장 1숟가락
케첩 4숟가락
맛술 1숟가락
다진 마늘 1/3숟가락
올리고당 1숟가락

1 분량의 양념 재료로 양념을 만들어서 준비한다.

2 견과류는 잘게 다져서 준비한다.

3 김말이를 노릇하게 튀긴다.

4 만들어둔 양념을 팬에 붓고 살짝 졸인 다음 튀겨둔 김말이를 넣고 약불에서 볶은 뒤, 견과류 분태를 뿌린다.

+ 만두도 함께 튀겨서 만들어보세요.

간식

아몬드 또띠아칩

15 MIN

또띠아에 아몬드와 시나몬 가루 등을 올려서 오븐에 구운 바삭하고 고소한 간식입니다. 얇은 또띠아의 장점을 살려서, 아몬드를 뿌려 바삭하게 구워낸 간식으로 시간과 노력 대비 맛이 정말 좋은 간식이에요.

또띠아 1장
버터 10g
꿀 2숟가락
아몬드 슬라이스 20g
시나몬 가루 약간

1 또띠아에 녹인 버터를 바른 뒤, 꿀을 발라준다.

2 시나몬 가루를 골고루 뿌린다.

3 아몬드 슬라이스를 뿌린 후 손바닥으로 가볍게 누른다.

4 팬에 올린 뒤, 가위로 먹기 좋은 크기로 잘라서 170도 오븐에 10분정도 굽는다.

+ 구운 뒤 식혀서 먹어야 더 바삭하답니다.

20
MIN

연어와 샐러드 채소를 듬뿍 넣고 만든 차갑게 먹는 파스타입니다. 식사로도 좋고 와인 안주로도 훌륭해요.

파스타 100g 올리브유 3숟가락
연어 150g 레몬즙 약간
올리브 50g 소금 약간
샐러드 채소 150g 발사믹드레싱 2숟가락
파르메산치즈 가루 2숟가락

1 올리브와 샐러드 채소들은 먹기 좋게 썰어서 준비한다.

2 파스타를 끓는 물에 10분간 삶아서 식혀둔다.

3 볼에 소스와 모든 재료를 넣어서 섞는다.

+ 채소가 들어가기 때문에 파스타는 반드시 차갑게 식혀주세요.

진미채
땅콩
버터구이

20
MIN

진미채에 땅콩버터와 견과류를 더한 고소하고 쫄깃한 간식 겸 안주입니다. 제가 정말 좋아하는 밑반찬 중 하나가 진미채볶음인데요, 한 봉지 사서 반은 반찬으로 만들고 반은 고소함이 가득한 맥주 안주로 만들어 봤어요.

1인분

진미채 100g
땅콩버터 1숟가락 반
버터 1숟가락
설탕 1숟가락 반
견과류 분태 약간

1 진미채는 찬물에 5분간 불린 뒤 물기를 빼서 준비한다.

2 진미채에 땅콩버터와 설탕을 넣고 잘 버무려서 5분간 둔다.

3 팬에 버터를 녹이고 땅콩버터와 설탕을 버무린 진미채를 넣고 노릇하게 볶아준다.

4 견과류 분태를 넣고 마무리한다.

+ 진미채에 되직한 튀김반죽을 묻혀서 튀겨도 정말 맛있어요

안주

참치
토마토스크램블

10
MIN

계란, 참치, 토마토를 더해서 볶은 요리인데 브런치로도 안주로도 좋아요. 방울토마토와 계란을 함께 볶은 토마토계란볶음에 기름 뺀 참치를 더하니 간단한 한 끼 식사로도 좋아요

1인분

계란 3개
참치 작은 캔 1개
방울토마토 5개
대파 1/2대
양파 1/2개
후추 약간

1 기름을 살짝 두른 팬에 대파와 양파를 넣고 볶는다.

2 볶은 대파와 양파를 한쪽으로 밀고 계란으로 스크램블을 만든 뒤 섞어준다.

3 기름을 뺀 참치와 반으로 썬 방울토마토를 넣고 볶는다.

4 후추를 톡톡 뿌려서 마무리한다.

+ 참치에 간이 되어 있기 때문에 소금을 넣지 않아도 간이 잘 맞아요

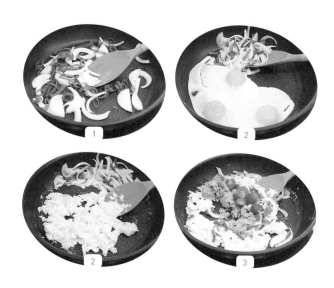

커스터드크림
치즈
콘샌드

30
MIN

커스터드크림에 크림치즈와 옥수수를 더해서 구운 간식입니다. 팔아도 사먹겠다는 찬사를 받아낸, 부드럽고 고소한 커스터드 크림의 맛이 아주 매력적인 요리입니다.

식빵 2장
모차렐라치즈 20g
체다슬라이스치즈 2장
파슬리 가루 약간

커스터드 크림
계란 노른자 1개
우유 100ml
설탕 20g
밀가루 10g
버터 10g
크림치즈 100g
캔 옥수수 300g
바닐라 익스트랙 2방울
(생략 가능)

1 볼에 노른자와 설탕을 넣고 저어준다.

2 우유와 밀가루, 녹인 버터를 넣고 섞는다.

3 약불에서 걸죽해질 때까지 저어준다.

4 분량의 크림치즈와 캔 옥수수를 넣어서 섞는다.

5 식빵 위에 만들어둔 커스터드 크림을 올리고, 체다치즈를 올린 뒤 다시 식빵을 올리고 체다치즈, 커스터드 크림, 모차렐라치즈, 파슬리 가루 순으로 올린다.

6 200도 오븐에서 10분간 굽는다.

+ 남은 식빵 자투리는 츄러스를 만들어보세요.

토마토
계란탕

토마토와 계란으로 만든 국물 요리입니다. 어울리지 않을 것 같은 재료들이지만, 의외로 시원한 국물 맛이 나서 해장용으로도 정말 좋을 것 같아요.

토마토 작은 것 2개
계란 1개
대파 1/2대
양파 1/3개
물 400ml
소금 약간
국간장 1/2 숟가락
후추 약간

1 토마토는 큼직하게 썰고, 계란은 풀어서 준비한다.

2 냄비에 기름을 살짝 두르고 썰어둔 대파를 볶는다.

3 토마토와 양파를 더해서 볶는다.

4 분량의 물을 넣어서 5분간 끓인다.

5 소금과 국간장, 후추를 넣어서 간을 맞춘다.

6 마지막으로 풀어둔 계란을 두르고 익힌 뒤 불을 끈다.

+ 끓일 때 치킨스톡을 넣으면 감칠맛이 난답니다.

30
MIN

식빵에 구멍을 뚫어서 계란을 넣고 만든 토스트로, 맛만큼이나 비주얼도 아주 재미있는 간식입니다.

식빵 2장
계란 1개
캔 햄 2조각
모차렐라치즈 20g
마요네즈 1숟가락

1 식빵 1장에 동그랗게 구멍을 내서 준비한다.

2 다른 식빵 위에 마요네즈를 바르고 햄을 올린다.

3 위에 치즈를 올린 뒤 구멍 낸 식빵으로 덮어준다.

4 구멍 안에 계란을 깨서 넣은 뒤, 180도 오븐에서
    20분간 굽는다.

+ 계란을 올린 뒤 전자레인지에서 2분간 가열 후
    오븐에 구우면 시간을 단축할 수 있고, 은박지
    를 덮고 구우면 식빵이 타는 것을 방지할 수 있
    어요.

믹스로
만드는

홈베이킹

40
MIN

쿠키 믹스로 구운 쿠키에 땅콩버터를 넣어서 만든 샌드입니다. 시판 쿠키 믹스로 간단하게 만든 쿠키를 땅콩버터로 붙이면, 사먹는 땅콩샌드의 맛을 낼 수 있답니다.

8개

쿠키 믹스 250g
땅콩버터 30g
계란 1개
버터 15g

1 볼에 계란 1개와 녹인 버터를 넣고 풀어준다

2 쿠키 믹스를 넣고 가루가 안 보일 때까지 섞은 뒤 한 덩어리로 만든다.

3 바닥에 비닐을 깔고 반죽을 올린 뒤 비닐을 덮어 3mm 두께로 밀어준다.

4 쿠키 틀로 찍어내고 팬에 올린 뒤 부푸는 것을 방지하기 위해 포크로 구멍을 낸다.

5 170도 오븐에서 10분간 굽는다.

6 봉투에 넣은 땅콩버터를 쿠키 사이에 샌드한다.

+ 반죽을 만들 때, 오랫동안 치대면 식감이 단단해져요.

베이컨
치즈계란빵

40
MIN

베이컨을 겉에 말아서 구운 계란빵입니다. 길거리에서 많이 팔던 계란빵을 기억하나요? 핫케이크 믹스를 이용해서 업그레이드 버전으로 만들어보세요.

핫케이크 믹스 250g
우유 170ml
계란 9개
베이컨 10줄
캔 옥수수 70g
체다슬라이스치즈 4장

1 캔 옥수수는 물기를 빼서 준비하고 베이컨 2장은 잘게 썰어서 준비한다.

2 볼에 우유와 계란 1개를 넣고 풀어준 뒤, 핫케이크 믹스를 넣고 섞는다.

3 잘게 썬 베이컨과 물기 뺀 캔 옥수수를 넣고 반죽을 완성한다.

4 머핀 틀이나 은박 컵에 베이컨을 둘러준 다음, 반죽을 반 정도 채운다.

5 체다치즈를 반 장씩 찢어서 올린 뒤, 계란을 깨서 넣는다.

6 포크로 노른자를 터트린 후, 190도 오븐에서 20분 정도 굽는다.

+ 반죽을 틀에 가득 채우게 되면 부풀어서 넘치니까 반 정도만 넣어주세요

1   2   3

4   5   6

35
MIN

핫칠리소스와 머스터드소스를 넣어서 구운 핫도그입니다. 구운 핫도그라, 기름에 튀기지 않아서 더 담백한 맛이 특징이에요.

10개

식빵 믹스 376g (1봉)
9cm 소시지 10개
체다치즈 5장
핫칠리소스 1숟가락
머스터드소스 1숟가락

1   p27에 나온 대로 1차 발효한다. 1차 발효가 끝난 반죽을 5등분 후 15분간 휴지시켜서 준비하고 휴지가 끝난 반죽을 10등분으로 나눈다.

2   소시지는 끓는 물에 1~2분간 데쳐서 식힌다.

3   밀대로 길쭉하게 밀고, 위에 핫칠리소스와 머스터드소스를 바른다.

4   반 자른 체다치즈와 소시지를 올려서 말아준다.

5   팬 위에 올려서 40분간 2차 발효 후, 170도 오븐에서 25분간 굽는다.

+   입맛에 따라 케첩을 뿌려서 먹어도 맛있어요.

1   2   3
4   4   4

식빵 믹스로 만든 호두 단팥빵입니다. 더운 여름, 시원한 팥빙수를 만들어 먹고 남은 팥과 식빵 믹스로 만들었어요. 호두를 넣어서 식감도 좋고 고소하답니다

식빵 믹스 376g
우유 200ml
빙수 팥 300g
호두 50g
아몬드 가루 5숟가락

1 p27에 나온 대로 1차 발효한다. 1차 발효가 끝난 반죽을 5등분해서 둥글리기 후 15분간 상온에서 휴지시킨다.

2 빙수용 단팥에 큼직하게 부순 호두와 아몬드가루를 넣어서 소를 완성한다.

3 소를 둥글게 5덩어리로 뭉쳐둔다.

4 반죽을 납작하게 편 다음, 소를 넣어서 잘 감싸준다.

5 소를 넣은 반죽을 손바닥으로 납작하게 누른 뒤, 가운데를 꾹 누르고 가위로 성형한다.

6 완성된 반죽을 팬에 올려서 40분간 2차 발효 후 170도 오븐에 15분간 굽는다.

+ 오븐에서 꺼낸 뒤에 녹인 버터를 발라주면 윤기를 낼 수 있어요.

호떡믹스

구 검
름 은
빵 깨

40
MIN

호떡 믹스를 이용해서 만드는 속이 빈 공갈빵입니다. 쫄깃하게 팬에 구워먹는 호떡 믹스를 납작하게 밀어서 오븐에 동그랗게 구운 과자 느낌의 빵이라 만드는 재미도 있더라고요.

8개

호떡 믹스 400g 1봉
물 160g
검은깨 7g

1 호떡 믹스에 동봉되어 있는 설탕 믹스를 체로 걸러 설탕만 따로 분리한다(땅콩 입자가 크면 납작하게 미는 과정에서 반죽에 구멍이 생길 수 있음).

2 호떡 믹스에 물과 검은깨를 넣어 반죽한다.

3 완성된 반죽을 8등분으로 분할 후 납작하게 누르고 설탕을 넣어서 오므린다.

4 밀대로 납작하게 민 다음, 170도 오븐에서 15분간 구워준다.

+ 반죽은 최대한 납작하게 밀어야 얇고 바삭하게 부풀어요.

30
MIN

체다치즈의 회오리 무늬가 특징인 귀여운 모닝빵이에요. 우유랑 곁들이면 더 맛있답니다.

6개

식빵 믹스 1봉지
체다슬라이스치즈 6장

1 p27에 나온 대로 1차 발효까지 완료한다.

2 2덩어리로 나누어 상온에서 15분간 휴지 후 밀대로 납작하게 밀어 준다.

3 위에 체다슬라이스치즈를 올린 뒤 돌돌 말고 원하는 크기로 썰어준다.

4 팬에 올려서 40분간 2차 발효 후 160도 오븐에서 15분간 구워준다.

+ 치즈를 말아서 반죽을 썰 때 빵 크기 조절이 가능해요.

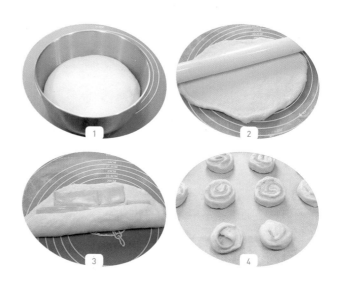

베이컨과 고구마를 넣어서 만든 발효빵입니다. 달콤한 고구마와 짭쪼름한 베이컨의 맛 궁합이 정말 좋은 빵이에요. 큼직하게 만들었더니 한 개만 먹어도 배가 불러요.

5개

식빵 믹스 376g 1봉
베이컨 80g
고구마 작은 것 2개
버터 20g

1 익힌 고구마를 볼에 담아서 으깬다.

2 버터와 잘게 썬 베이컨을 더해서 섞어서 소를 완성한다.

3 소를 둥글게 뭉쳐서 5개로 만든다.

4 p27에 나온 대로 발효한 반죽을 5등분 한 뒤, 15분간 실온에서 휴지시켜준다.

5 휴지가 끝난 반죽의 가운데를 누르고 만들어둔 소를 넣고 여며준다.

6 손바닥으로 살짝 누른뒤, 가운데를 눌러서 성형하고 팬에 올려서 40분간 2차 발효 후 160도 오븐에서 20분간 굽는다.

+ 고구마는 썰어서 전자레인지에 7분 정도 돌려서 익히면 간편해요.

호떡믹스

시
나
몬
롤

40
MIN

호떡 믹스로 만든 시나몬롤입니다. 호떡 믹스에 동봉된 잼 믹스까지 모두 활용할
수 있는 색다른 메뉴랍니다.

호떡 믹스 1봉지 (296g)

1 가루에 동봉된 이스트와 물 180ml를 넣고 반죽 후 1시간 동안 발효
시킨다.

2 발효가 끝난 반죽을 밀대로 납작하게 밀어준다.

3 동봉된 잼 믹스를 골고루 깔아준다.

4 잼 믹스가 새어 나가지 않도록 말아서 잘 여며준다.

5 완성된 반죽을 사다리꼴로 썬 다음 젓가락으로 얇은 부분을 눌러준다.

6 팬에 올려 170도에서 20분간 굽는다.

+ 식으면 단단해질 수 있으니, 가능하면 구워서 바로 먹는 게 좋아요.

40
MIN

롤치즈를 넣어서 돌돌 말아 구운 빵으로, 담백한 양파와의 궁합이 정말 좋아요.

식빵 믹스 1봉
양파 1/2개
롤치즈 200g
모차렐라치즈 50g
파슬리 가루 약간

1 p27에 나온 대로 1차 발효와 휴지가 끝난 반죽을 밀대로 납작하게 밀어준다.

2 롤치즈를 골고루 펴서 올린 뒤 돌돌 말아준다.

3 원하는 크기대로 썬 다음, 납작하게 눌러준다.

4 위에 양파, 모차렐라치즈, 파슬리 가루를 뿌린 뒤, 40분간 2차 발효 후 160도에서 17분간 굽는다.

+ 취향에 따라 식빵처럼 롤치즈만 넣어 말고 썰지 않고 구워도 좋아요.

호떡믹스

호떡 꿀꽈배기

35
MIN

호떡 믹스를 이용해서 만드는 달콤한 꿀꽈배기입니다. 팬에 납작하게 구워서 먹는 호떡이 기름지게 느껴질 때, 꽈배기 모양으로 말아서 구우면 좀 더 담백하게 먹을 수 있답니다

4개

호떡 믹스 1봉
검은깨 3g

1 호떡 믹스와 검은깨를 볼에 담은 뒤, 5분간 반죽하고 동봉되어 있는 설탕 믹스는 그릇에 담아서 준비한다.

2 반죽을 4등분하고 한 덩어리씩 길쭉하게 밀어준다.

3 반죽 위에 설탕 믹스를 올리고 풀리지 않도록 잘 집어서 말아준다.

4 꽈배기 모양으로 꼬아준 뒤, 180도 오븐에서 15분간 굽는다.

+ 반죽 접합 부위를 잘 여며주지 않으면 설탕이 터질 수 있으니 주의하세요.

40
MIN

파프리카의 아삭함과 소시지의 식감이 재미난 빵입니다. 빵집에서 사먹을 수 있는 소시지빵. 집에서 큼직한 소시지를 넣어서 만들면 더 맛있답니다. 식빵 믹스로 간편하게 만들어보세요.

식빵 믹스 1봉
소시지 5개
파프리카 1/2개
양파 1/2개
모차렐라치즈 100g
캔 옥수수 50g
케첩 약간
마요네즈 약간

1 파프리카와 양파는 잘게 다지고, 소시지는 뜨거운 물에 1분 정도 데쳐서 준비한다.

2 p27에 나온 대로 발효가 끝난 반죽은 5등분을 한 다음 소시지 크기에 맞춰 납작하게 밀어준다.

3 반죽 위에 소시지를 넣어서 돌돌 말아 감싸준다.

4 3을 가로로 자른 다음, 한 칸씩 반대쪽으로 밀면서 납작하게 눌러준다.

5 위에 토핑을 올린 뒤 따뜻한 곳에서 40분간 2차 발효를 한다.

6 40분간 2차 발효 후 케첩과 마요네즈를 뿌린 뒤 180도 오븐에서 15분간 굽는다.

+ 소시지에 반죽을 말아 그대로 구우면 핫도그로 먹을 수 있어요.

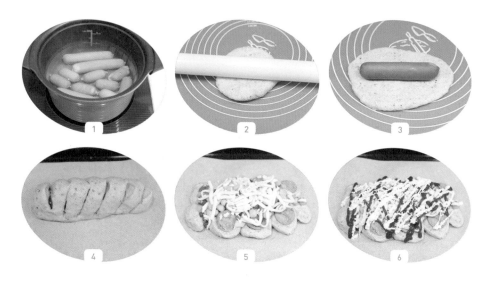

세상에서 가장
쉽고
그럴싸한
요리책

초판 1쇄 인쇄 | 2019년 10월 18일
초판 1쇄 발행 | 2019년 10월 25일

지은이 | 최해정
발행인 | 윤호권

임프린트 대표 | 김경섭
책임편집 | 정인경
기획편집 | 정은미 · 정상미 · 송현경
디자인 | 정정은 · 김덕오
마케팅 | 윤주환 · 어윤지 · 이강희
제작 | 정웅래 · 김영훈

발행처 | 미호
출판등록 | 2011년 1월 27일(제321-2011-000023호)

주소 | 서울특별시 서초구 사임당로 82
전화 | 편집 (02) 3487-2814·영업 (02) 3471-8044

ISBN 978-89-527-4158-5 13590

미호는 아름답고 기분좋은 책을 만드는
㈜시공사의 임프린트입니다.